二十一世纪环境艺术设计精品课程规划教材

EXHIBITION
展示设计

李 涛 耿舒畅／编著

中国青年出版社
CHINA YOUTH PRESS
中青雄狮

目 录

第1章 展示设计概述

第2章 展示设计的流程

第3章
展示空间设计

第4章
人体工程学在展示设计中的应用

第5章

展具和橱窗设计

第6章

平面设计在展示空间中的应用

第7章

色彩与照明在展示设计中的应用

第8章

展示设计常用材料

第9章
展示设计的施工管理与规范

第10章
展示设计的分类

第1章
展示设计概述

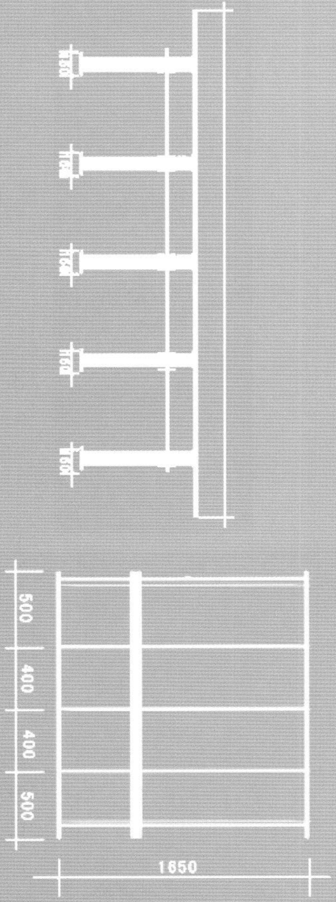

课题概述 ……………………………………………………

本章主要介绍了展示设计的基本概念、应用领域、发展历史以及社会作用等内容，同时对现代展示设计进行了较全面的介绍。

教学目标 ……………………………………………………

通过学习，了解什么是展示设计、展示设计的发展和社会影响，对其进行分析并将其应用于实际的展示设计中。

章节重点 ……………………………………………………

了解展示设计的概念，并熟悉展示设计的发展历史和社会作用。

1.1 什么是展示设计

展示设计是一门综合艺术，它是伴随着人类社会、政治、经济的发展逐渐形成的。其目的并不是展示本身，而是运用空间规划、平面布置、灯光控制、色彩配置等各种设计元素将展示内容有目的地传达给观众，可以将其理解为特殊形式的商业广告。

1.1.1 展示设计的概念

展示是一种综合性的信息交流平台，在特定的空间或地域内通过空间处理、气氛营造、展具设计、灯光和色彩处理等手法，创建最适合于信息传播和接受的人为环境。

而展示设计是一门庞大、复杂的应用学科。从本质上讲，展示设计是指所有展览和陈列的视觉表现，包括商店、博物馆等商业或公益空间的环境规划和室内设计工作，同时还通过室内展品陈列起到提供展示商品、促进消费或普及宣传等作用。（见图1）

从另一个角度来讲，展示设计还能不同程度地折射出一个时代或地区的科学技术水平以及社会意识形态。

展示设计作为随着经济发展起来的产物，渗透着经济学的知识，自然与市场也有着不可分割的联系，是商家与市场沟通的最有效手段，而商业繁荣的程度将决定展示的规模大小。如通过服装展形式获取的客户所使用的成本远低于其他形式。对于消费者来说，可以体验各种服饰，自由地选择；对于商家来说，则是最有效率的推销方式。（见图4）

图1 雕塑展近照
图2 军事博物馆武器展展区
图3 军事博物馆坦克展展区
图4 工业机械展示

图2

1.1.2 展示设计的应用领域

在现代社会中，展示设计的应用领域非常广，它广泛应用于各种展示，包括各种商业性质的展示和专门性的展示，如商业性质的商品陈列、展销会、交易会，公共环境中的博览会、图书馆等。展示与展示设计涉及到社会的政治、军事、经济、科学、技术、文化、艺术、教育等各个领域。

（1）政治和军事

通常情况下，政治和军事类的展示都是在国际范围内进行的，其中往往具有一定的政治和历史因素，并具有世界性的领先科技和综合性的社会文化。（见图2~图3）

图3

图1

图4

（2）经济和技术

在经济和科技领域，每年都有大量各种类型的大型展会，展示各大厂商的代表经济产品，如纺织展、摄影器材展等。经济与技术是密不可分的，在以经济为主题举行的展会中往往也包含了大量新技术的应用。当然，也有专门为展示专项技术而举办的展会（见图5），如种植技术交流展会，这样的展会以互动的形式交流先进的种植技术等。

（3）科技与艺术

艺术的展示多数是非商业性质的，着重于对设计师和艺术家的技术和理念的展示。特别是艺术展，涉及到美术、音乐等传统领域，展示这些领域中独具特色的一面，如著名的巴塞尔艺术展览会，诠释了国际的艺术潮流。

科技作为第一生产力，是社会和经济发展的基本动力。在世界范围内，与科技相关的展会比比皆是。无论是在农业、医疗还是电子领域，这些展会共同的特点都是展示最前沿、最高端、最具特点以及未来将普及的各种科学技术，如新型的农用喷药器、全新的医疗器械、全息影像技术应用等等。（见图6）

（4）教育与文化

教育与文化领域的展会和技术、艺术等领域的展会基本上可定义为同个范畴，但展示的内容是根据展示的目的来定义的，应用领域则根据展示对象来决定的，所以一个美术画展可以看作是艺术展，也可以看作是文化传播交流会。（见图7）

1.2 展示设计的发展

在近代，展示设计的本质和艺术特征都比较简单。从市场的角度来讲，展会更像是一个集市，便于人们交易。但随着展会的不断发展，展示设计已被看作是推动展会发展和宣传参展单位的重要工具，展示设计也受到了更多的重视。

1.2.1 展示设计的历史

1851年，英国万国博览会的水晶宫可以算作是第一次正式的现代展示。从古老的货品集市模式到今天的大众资讯传播模式，展会已经历了150余年的发展历程。（见图8）

图5

图6

图7

图8

图5 航天科技展
图6 Siggraph 2008展
图7 图书馆
图8 博物馆中的展品

在远古时期，人类由于图腾崇拜和进行宗教活动，进行绘刻岩画等活动，由此产生的场所就是当时人类宗教生活和社会生活的综合场所，这可以看作是展示的最初始时期。

随着社会的发展，集贸市场开始出现，逐渐发展出定期举办的庙会。再后来随着贸易活动的发展，形成了“交易会”和“展览会”的雏形。处于这一阶段的展示只是为了满足人们的贸易需求，并不需要依靠展示设计来达到宣传和促进销售的目的。在商业活动进一步繁荣后，真正的商品展示艺术开始成形并得到发展。

展示设计发展到今天，它不仅仅再是一种简单的设计形式，更是推动展会文化发展、宣传展示对象和促进销售的强有力工具。（见图9）

赫伯特·拜耶提到，“展示设计已经发展成为一门新的学科，作为大众传播与集体努力和影响的力量与多种媒体的顶点。视觉（形象）传播的整合方式组成了一种引人注目的复杂体；语言作为形象的印刷（载体），图片、绘画、照片、雕塑物、材料和外表、色彩、光线、运动、影片，图表等等都是作为符号象征，所有有形的与心理的方法的运用产生了展览设计的强化核心的设计语汇。”

在全球经济一体化、各种文化碰撞的今天，展示设计随着展示的发展已经进入到非常成熟的阶段。它已经具有反映时代特征和变化的社会使命，并从设计观念到表现形式都在不断地推陈出新、纵深发展，同时也扩展整合出更专业更科学的特点。

1.2.2 展示设计的发展趋势

展示设计从诞生开始，就不断地吸纳最新的传播和表现手段，使其内涵不断地充实。加上资讯传播的直接性和社会文化的敏感性，展示设计往往是各种前沿思潮的试验场。

当今的展示设计受社会意识形态影响最大，世界性的展示设计发展将更具信息化、专业化、多元化、创新化和电子化的特点。

（1）信息化

在展示形成的初期，展会的作用更接近于市场，人们在展会进行贸易。在展示愈发成熟的今天，已经远远超过最初的意义，而其本身也已成为信息传递的一种方式。展示设计肩负着将展示内容所包涵的大量信息呈现给参观者的任务。（见图10）

（2）专业化

在各种行业激烈竞争的今天，展示业早已发展成专业的学科，并涉及到广泛的领域，要突出展示设计精髓并形成展示规模就需要专业的展示设计师进行设计策划。大到展场选择、小到装饰品的摆放，都是影响展示最终效果的因素。而设计师的能力直接决定了展示设计的专业程度，专业性越强的展会设计师，其设计特色越鲜明，对参观者产生的吸引力也就越强。（见图11）

图9 电影的交流展会
图10 主题为信息交流的现代通信展
图11 考古领域的成果展

图9

图10

图11

（3）多元化

伴随着设计师的思想变化，多元化体现在如何应用更多的技术手段和文化理念来表现展示的主题。技术的多元化体现在各种高科技设备，越来越多地参与展示。除了传统的灯光、音、视频设备，新技术的加入使设计创意得到更好的表现。

（4）创新化

创新是展示设计发展的一贯原则，同时也是必然趋势。在历史上，展示设计的发展始终都在加入新的元素，技术、理念、材料、空间结构等每一个构成元素都体现了要发展就必须创新的趋势。（见图12~图14）

（5）电子化

互联网将对展览经营模式产生重大影响，其中影响最深远的是网上营销，也就是展览业的电子商务活动，包括宣传、招展、信息交流等。

1.2.3 展示设计中的新技术

展示设计是在特定的空间中进行的，在满足基本原则和参展者需要的前提下，适当应用新技术，可以有效地抓住人们的视线，并使之成为展场中的点睛之笔。现代科技成果不断更新，新技术的构成因素也愈来愈复杂。合理地应用新技术，可以控制展示设计的节奏、韵律，并正确把握其空间的位置关系，从而真正体现出理想的展示精髓。（见图15）

随着展示的发展，新技术的应用越来越受到重视，应用的范围也越来越广，从服饰卖场到经济博览会，从美术展到博物馆，随处都能见到新技术的应用。

图12

图13

图14

图15

图12 拥有先进保护技术的美术馆
图13 应用新型照明的展场
图14 休闲与展示的大厅
图15 复杂的光影应用

展示设计中的新技术主要是指各种电子高端技术，最主要的是数码视频、计算机程控、多媒体、虚拟现实等计算机技术。如在国际博览会中，使用翻译耳机可以有效解决语言障碍问题。在电子产品展厅中使用三维全息影像，不仅能展示商家实力，还可以提高展场气氛，以独特、炫目的效果更好地吸引参观者。（见图16）

1.2.4 展示设计的范畴

展示设计作为一种基于信息收集、策划、传播与接受反馈的设计活动，不仅需要具有功能和精神上的内涵，还应该具备传播与接受的互动性，并且符合社会经济活动的规律。

展示设计中包含了各种表现手段和方法。发展到今天，展示设计已经成为一条多元整合的设计链，它涵盖了众多的设计门类和形式，如建筑设计、平面设计、灯光设计等。展示设计真实地反映了时代的脉络和特征。

在直观、形象、通俗易懂的展示表现理念下，它能够清晰地展示各类学科的概念以及涉及的范畴，成为科技文化与经济发展的结合点。（见图17~图18）

1.2.5 展示设计的社会应用意义

无论是商业展示设计还是公众性展示设计，都可以对社会的发展起到积极作用。如各种商业展示能够促进消费以推动经济发展，而公众性展示则更具有普及知识、传播信息、观赏娱乐等社会功能。同时展示也被作为大众传媒的一部分，向人们提供商业价值、技术价值、文化价值和娱乐价值的参考标准，完整地诠释了人的生活本能、城市与文化的传承以及商业的激烈竞争。

（1）促进经济繁荣

在全球资讯几乎同步的信息化时代，商家对产品的宣传也达到了新的高度。网络打破了以往地域的局限性，商家可以借助网络传媒，更好地进行产品的宣传。但商业空间的展示和贸易会展的展示仍然是最主要的产业。并且牵动了相关的行业的发展，如旅游业、运输业等。有关资料显示，由举办会展而产生联动效应所获得的利益为1:9，有效地促进了国民经济的发展，因而也得到了世界各国的重视和开发。（见图19）

图16

图18

图19

图17

图16 游戏展
图17 大英博物馆1
图18 大英博物馆2
图19 最能代表经济发展的服饰展厅

（2）教育科研意义

在各种具有文化气息的展示场所中，如博物馆、图书馆、剧院、科技馆等记录和展示知识、艺术的展场，文化、艺术、科学以及宗教等各种信息不仅能促进全球各国各民族的多元文化交流，更是人类文明史的记录册，对教育思想和科学实践的发展都具有深远的历史意义。（见图20）

（3）商业竞争与城市发展

展示是经济发展的产物，也是促进商业竞争的关键因素。从地摊发展到小店再到连锁店以及百货商店，已经不单纯是商家的发展，更是一个城市崛起的象征。一个城市商业和贸易中心的规模大小，反映着城市富裕繁荣的程度，其中也暗含着背后激烈的商业竞争。（见图21~图22）

（4）文化传承

在城市的发展过程中，会在不同的标志性时间建立起纪念展示物，如纪念广场、公园等。这些建筑会真实地记载城市的发展过程或特殊事件的发生，如5.12汶川地震后建立的地震遗址。这些标志性的建筑物，能够使后人不忘历史，并真实地传承一个城市的文化。（见图23~图24）

图20 文物展
图21 图书卖场
图22 最能代表现今商业的服装卖场
图23 具有教育意义的博物馆
图24 专业乐器展示

图21

图24

图22

图20

图23

设计点评

通过学习本章，相信读者已经对展示设计的概念和特点有了较深入的了解，下面将对一些相关的展厅进行点评。

图25点评

该展示为某房地产集团的楼盘展厅，其外型结构层次分明，清晰地表现出建筑行业特点。外墙装饰接近真实楼盘，有效地加深了参观者对楼盘的印象。同时应用暖色色系和得当的光照，使展厅给人以大方、稳重、亲切的感觉，惟一的缺点是整体设计过于平淡，缺少点睛之笔。（见图25）

图25

图26点评

涂鸦（Graffita）的意大利文之意是乱写，而涂鸦的复数形式（Graffiti）则是指在墙壁上乱涂乱写出的图像或画。在后来的涂鸦艺术中，图画、符号、标志却压倒文字在涂鸦艺术中成为了主导。图画相对于文字更能体现出作者所要表达的内容和其作品的主导思想。这一设计为一面展示涂鸦艺术的展示墙，设计师将涂鸦艺术重新定义，通过立体的方式将每个画面的构成元素进行分离，在不同的空间位置上进行排列组合，使整个涂鸦作品更具吸引力。（见图26）

图26

图27点评

该设计为某单位举办的相关业务知识宣传展，展示以宣传贴幅为主，在进行了细致归类后并排展示在展厅中。同时，展厅中采用日光灯进行照明，确保了空间的亮度和适合参观者阅读的光线。由于该展厅为非专业设计，所以也暴露出许多不足之出。特别是在展示内容方面，虽然分类全面，但展示形式过于简单，每个贴幅看上去都大同小异。排列方式太过规矩，不容易引起阅读的兴趣，而且没有应用标识系统突出分类。（见图27）

图27

图28点评

该设计为某商场的地下楼层卖场，该卖场装修风格突出，特点鲜明，与卖场的展出商品相符合。其特色主要表现在时尚、前卫的时装与金属材料的相互呼应，加上冷色色调灯光的配合，使顾客在浏览商品时可以体验整个卖场所传达的时尚和前卫。

但由于该展示空间在地下楼层，而设计的楼梯通道正好位于展厅正中，楼梯妨碍了顾客参观楼梯背面的展台。另外，由于整个楼梯过于狭窄，坡度也较陡，不便于通行，具有一定的安全隐患。（见图28）

图28

图29点评

该设计为某专卖店的展示橱窗，在橱窗中主要展示了最新的秋冬女装。橱窗的设计风格简单实用，服装的展示也排列有致，并应用了合理的色调和灯光照明，整个橱窗给人一种温暖、舒适的感觉，能有效激发顾客的购买欲望，达到橱窗设计的应有目的。

但惟一不足的是服装表面上粘贴了过多的标签，破坏了橱窗的整体气氛，过重的商业气息反而使顾客心生反感。建议使用标签立牌，将同一模特身上的标签张贴在一个标签立牌中，使顾客在欣赏衣服的同时了解到该衣物的相关商品信息。（见图29）

图29

图30点评

该设计为某美术画展，图中是展厅内的长廊空间。在长廊中，展出的美术作品以人的标准身高为基准排列于展示墙上，这种展出方式可以使参观者流水式地尽可能多地赏析到每一件美术作品。

但在展厅中，用于照明的光源和突出展品的射灯光照强度不够，使整个展厅显得过于昏暗，美术作品没有得到充分的突出。而且展出墙上的美术作品过于密集，使参观者目不暇接，容易产生疲劳感。（见图30）

图30

图31点评

右图为某大型车展的实拍照片，照片中是雷克萨斯新车的展区。该展区使用了设计风格简约实用的背景展板，展板以红色为背景色，很好地凸显了雷克萨斯的银色LOGO。展示空间中使用了大型的旋转展台，可以通过全角度的展示方式展出最新的车型，而侧面的辅助区域则展示关于该车的相关数据资料。

由于展车和展台的关系不需要浑然一体的效果，因此为旋转展台选用的颜色是该设计的不当之处。从远处观看时，一样的颜色使展车和展台的轮廓模糊不清，使展车没有得到更好的突出，弱化了其吸引力。（见图31）

图31

图32点评

该设计为某汽车展厅中的发动机展示区，该区域的展示由主办方与各汽车厂家联合组织，空间中展出了各大知名厂家最先进的发动机。在该空间中，标有各大厂家LOGO的大型展板被高高悬起，产生一种严肃壮观的气氛。每个展板下安装相应的展台，对应展示各种发动机。

在展板上方安装了强照明的筒灯，但筒灯的安装位置和照射方向并不准确，使得原本要突出厂家LOGO的效果并未达到，这也成了该展示空间的败笔。（见图32）

图32

图33点评

该设计为某科技展厅的一个展位，该展位设计为全开放式，使用中间的核心展板将展场划为两个区域。在两侧展区分别安插各种宣传展板间隔出不同的功能空间，模糊了入口和出口的区别，可以最大化地接纳参观者。

两侧的展板主要用于划分空间，但由于展板采用了不透明的材料，使空间完全隔开，造成了一种封闭、没有联系的感觉，很容易让参观者失去信息的获取动力。（见图33）

图33

课后练习

1. 策划一个品牌手机展厅，需要表现出该品牌的基本理念，并尽量多地展示各种型号的产品。

创意思路

首先要了解手机生产公司的品牌理念、各种产品的功能特点以及当前展示的主题和氛围，如突出手机的外形或特点等。在设计时可以灵活处理，使用多种方法完成，但需要注意以下基本原则。

首先，应当确定需要表现的重点是公司品牌，可以靠品牌的知名度建立潜在客户。

然后，需要确定参展手机的型号，并选择与型号相符的展台或展柜。最新的产品或最值得宣传的产品，应选择模特进行手机展示，这样不仅可以吸引参展者的眼球，而且会使手机的功能和特点得到更全面的展示。

这样的策划方案简单、实用，可以在有大量公司参展的大型展厅中迅速吸引客户的注意，加长客户滞留时间，从而引起客户的购买欲。（见图34~图35）

图34

图35

2. 策划一个商场的大厅，需要表现出一个大型商场应有的气派和华丽。

创意思路

在商场的设计中，大厅最需要表现的就是空间。首先，在大厅中铺设极具方向感和秩序性的地面石材拼花。在背景墙的制作方面可以使用极具冲击力的木料体块堆积，深色色调能够给人稳重、踏实的感觉。天花的设计使展厅大堂提升了一个档次，LED灯具的使用使大堂变得神秘，把前厅变为了如流星雨般梦幻的世界，此灯具兼具极佳的装饰和采光效果为打造大厅的华丽效果增添了亮点，右图为该商场大厅的三维效果图。（见图36）

图36

3. 在大型科技展厅中为苹果科技策划一个展示产品的展位，要求体现出该公司人性化设计的理念。

创意思路

在进行展位的设计规划前，首先需要对该企业进行深入的了解。与此同时需要了解展出的主题与产品，如是新产品的操作系统还是新一代的电脑。当确定这些基本信息后，可以制作带有企业LOGO或产品信息的展板。整个设计风格简约大气即可，因为仅凭企业的品牌效应和新的科技产品就可以吸引足够的参展者，因此不需要过于复杂的设计。在展位中规划出互动区，可以使试用者亲身体验新产品的功能和企业文化理念，从而吸引更多的潜在用户。（见图37）

图37

4. 为商务楼的顶层空间设计一个多功能房间，要求具备功能多样性，符合各种商业用途。

创意思路

将设计建筑顶层设计为商务空间时，可以根据具体情况进行考虑，包括空间的采光性、基本面积和形状、顶层的应用以及与下层商务办公区的距离等因素。在本例中，可以将该楼层规划为一个舞蹈教室，在这样的高层建筑中，顶层空间可以提供清新的空气和开阔的视野，是舞蹈教学的理想场所。充当舞蹈教室不需要太多的建材，在特殊条件下还可以将该空间用作小型展示的展厅。（见图38）

图38

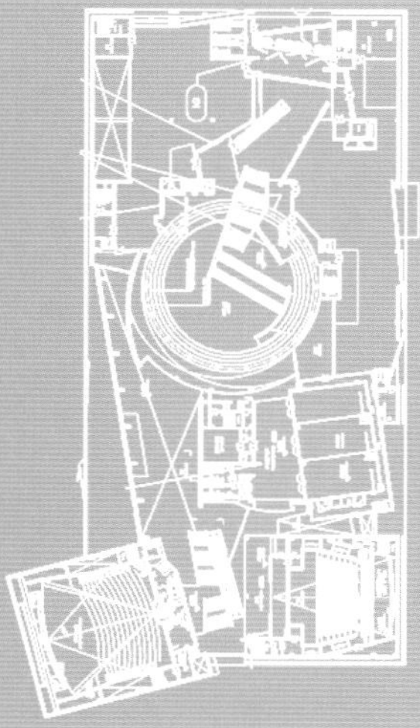

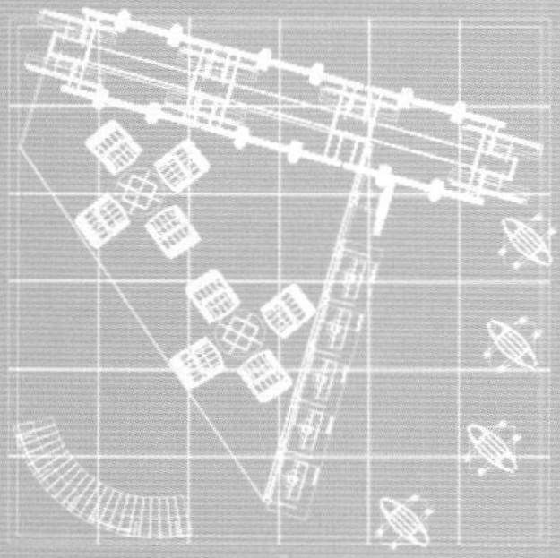

第2章
展示设计的流程

课题概述 ……………………………………………………………………

本章主要介绍了展示设计的基本流程，包括设计初期需要进行的准备、表达设计思路的方式、任务书的制作、施工阶段的准备、现场调整以及施工撤除工作的进行等知识。

教学目标 ……………………………………………………………………

通过学习，应了解作为一名展示设计师应该如何进行方案设计并制定科学合理的计划，同时了解在施工阶段中设计师应该尽到的责任。

章节重点 ……………………………………………………………………

了解展示方案设计，熟悉方案施工流程。

2.1 展示方案的设计阶段

展示设计的运作周期各不相同，在不同类型的设计项目间差异极大。如博物馆、图书馆等属于长期展示的设计项目，而卖场、橱窗等则属于短期设计类型。无论设计周期长短，都必然会经过类似的重要阶段。在整个设计阶段中，展示设计师不仅要设计出方案，同时必须要估算实现过程中的每一个环节，并明确设计工作中的核心与难点，从而提高工作效能。（见图1）

2.1.1 设计初期准备

展示是一项有方向性和目标性的设计活动。设计师必须与甲方接洽，明确其设计要求，了解其目的意图，这是设计环节中不可缺少的部分，也是设定工作方向和目标的前提。因为甲方的要求往往最接近问题的关键，通过分析甲方的要求和目的，设计师才能发现设计的核心问题，从而对症下药。此后，设计师还要了解准确的展示时间和展示场地。（见图2）

另一方面，有的展示在时间上会受到限制，有的则受到季节的限制。此外，展示涉及的内容非常广泛，包罗万象。从反映社会经济、展览教育成果到工业产品发布、农业技术展示等各种领域都有相应的展览会，这些因素都将作为设计的基本依据。（见图3）

设计方案中需规划出明确的展示时间范围，包括展场搭建时间、布展时间、具体展示时间和撤展时间等。

了解参展物品，也是设计前期的必要准备工作。参展物品的基本特点、品牌理念等信息，都需要合理的宣传与展示，从而给参观者最具吸引力的视觉感受。

在如图书馆、公园等公共展示的设计初期阶段，设计师需要提供场地选择的报告或建议。场地的选择首先要考虑是否符合展示内容的特点和展示规模，其次再综合考虑展示场地的环境和地理位置等因素。（见图4~图6）

图1 成功的谈判
图2 初期图纸
图3 功能细化的说明图示
图4 展示场地功能说明图示
图5 展示设计理论说明文件
图6 效果图

图1

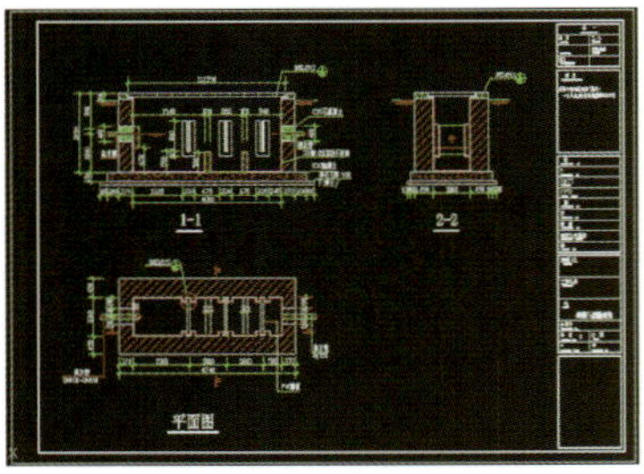

图2

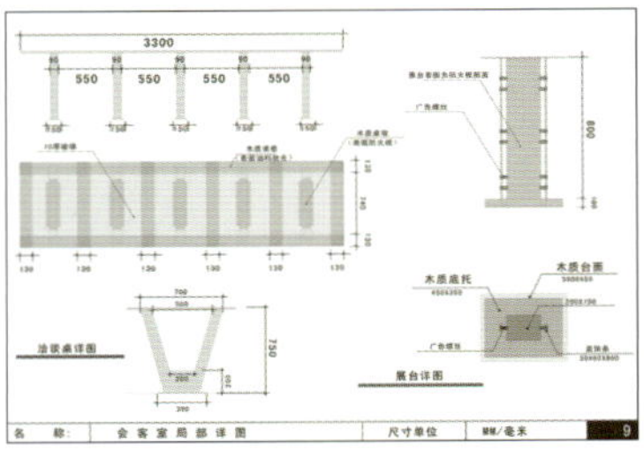

图3

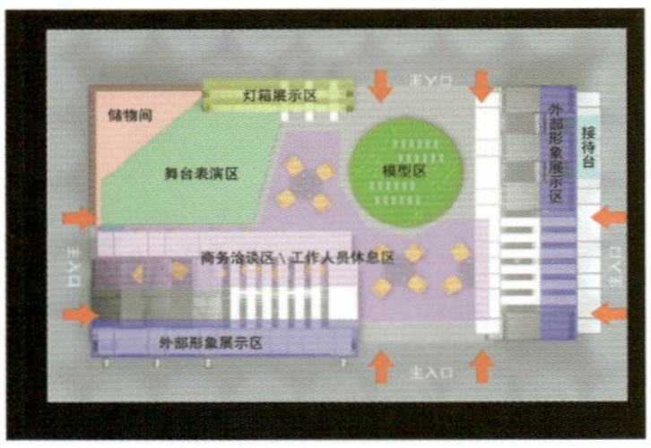

图4

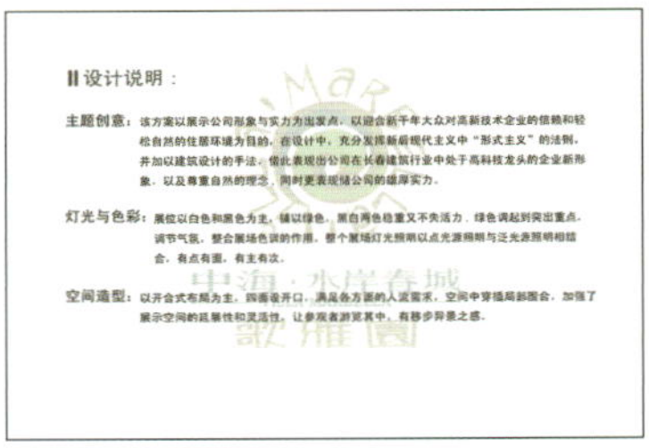

图5

图6

2.1.2 设计思路确定

展示设计必须具有独特性，尤其是在商业展览设计中。每一个委托方都希望自己的展位在展场中独一无二、脱颖而出，所以设计师的设计思路是方案设计阶段最关键、最核心的部分，直接影响设计的成败。（见图7）

根据展示的内容和特点，策划主题、展示脚本、设定功能系统及空间布局序列，构思主题空间形象，设计各种道具等都是设计思路的内容。总的来说，可以归纳为脚本设定、创意主题设定以及方案拓展思考三个方面。（见图8）

（1）脚本设定

脚本设定主要用于展示设计的基本思路以及设计成果，同时还需要说明展示设计带来的附加价值以及期望值等。如某橱柜的展示设计脚本首先会介绍展厅的相关设计理念，然后参照设计图纸，描述参观者将在展厅内产生的视觉感受和心理感受。此外，在适当的文字脚本处还可以加入展品的设计。（见图9）

（2）创意主题设定

对于短期展览类的展位设计来说，很少采用脚本方式。在这种情况下就应该根据项目、企业产品或企业文化等因素进行深化，重新寻找与之相匹配的设计创意点，围绕该设计创意点进行具体设计。（见图10）

例如对一个博物馆进行设计时，除了基本的脚本设定外，创意主题的设计更能描述博物馆的内涵。设计师可以依据博物馆的功能定位，将产品、环境、视觉传达以及多媒体等不同主体内容作为不同的主题区域，集中展现历史文脉和文化成果。

（3）方案拓展思考

将脚本、设计创意主题、展示的内容和特点、经营功能系统、空间布局序列等以草图的形式对方案进行拓展和扩充，这就是方案拓展思考。设计师在这一阶段要尽量将创意延伸到方案设计的每一个层面，充分考虑材料、工艺、资金、后期施工、搬运等一系列问题，尽可能地把存在的隐患解决在草图创意阶段，避免方案在组织实施阶段遇到实质性困难。（见图11）

图7 表达功能的设计思路图
图8 表达风格的设计思路图
图9 表达路线的设计思路图
图10 创意主题的平面说明图
图11 局部的方案拓展图示

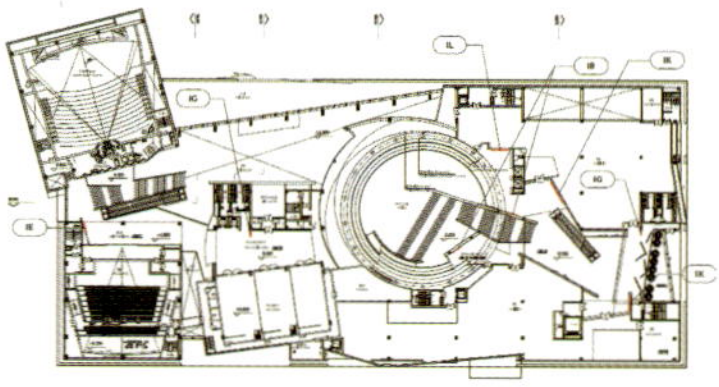

图10

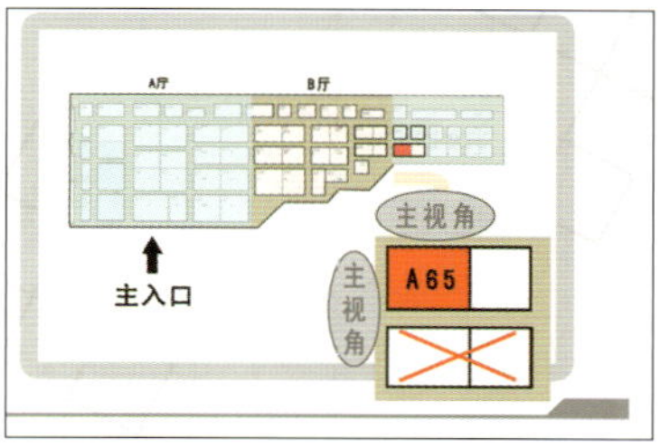

图7

图8

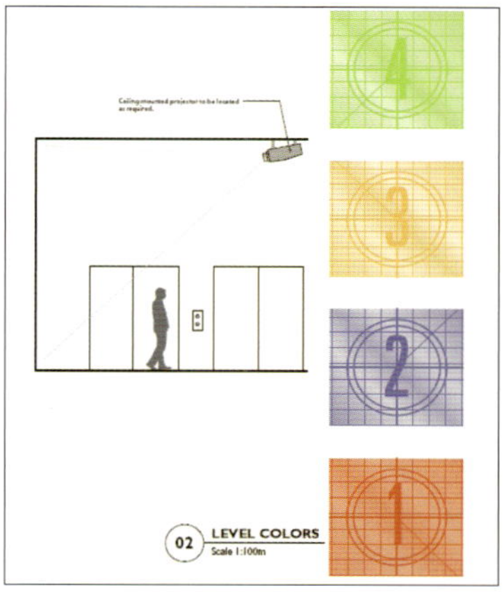

图11

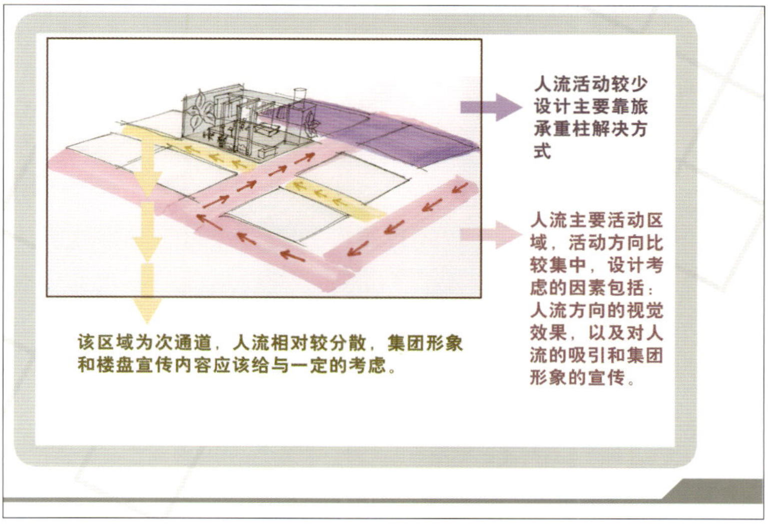

图9

2.1.3 制作任务书

制作任务书是整个设计中最耗时、最枯燥的阶段。一本有着明确分工、科学计划的计划书是后期施工的依据，因此需要设计师付出极大的耐心和毅力将设计思路贯穿于方案的每一个细节，且必须符合行业出图规范与标准。另外需要强调的是时间问题，所有的设计工作必须遵守时间，因为在正式招标过程中，超时的方案就等同于废标。（见图12）

2.2 展示方案的施工阶段

设计方案通过甲方的检验和审核后，即进入展示的施工阶段。在该工作阶段，需要有规范的施工标准和科学的进度安排。由于大部分项目的施工周期都比较短，且施工布置和撤展阶段的时间也比较仓促，因此容易在施工现场出现意外，导致工期延误等，所以施工的规范化尤为重要。同时科学的进度安排会在不延误工期的基本前提下保证高效率、高质量的施工。（见图13）

2.2.1 施工准备

进入方案施工阶段时，在施工开始前要进行一定的准备，如施工交底和图纸的再次审核等。

（1）施工交底

施工交底是指设计主创人员与施工负责人就设计的关键部分、设计重点及施工难点进行交接，包括施工的工艺、材料、结构等关键问题。交底的目的是为了保证工程施工的顺利进行，最大限度地降低造价，并且保证施工质量和进度。（见图14）

（2）图纸审核

在施工交底的同时，设计师与工程人员一起审核图纸，以保证图纸信息的正确传达。避免由于图纸本身的错误或者对图纸的错误解读导致施工的延误。（见图15）

2.2.2 现场调整

展示的设计过程，除了设计阶段和施工阶段外，还有一个较为详尽的审核过程。这个过程就是对展示设计的概念和内容形象化的审核，是确保展示活动从图纸变为现实的必要工作。审核内容包括展场现场中的设备安装是否到位、搭建是否合理、是否预留拆除空间、光电效果的简单预览以及各种安全隐患的检查。具体内容包括以下几方面。

图12 任务书中的具体说明图
图13 施工现场
图14 施工交底后的搭建
图15 展位平面图纸

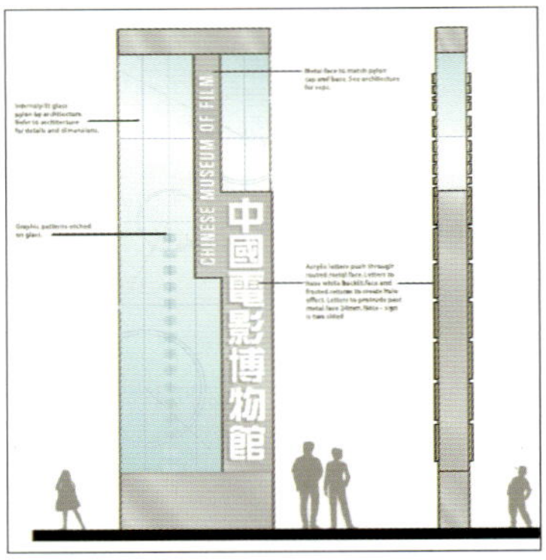

图12

图13

图14

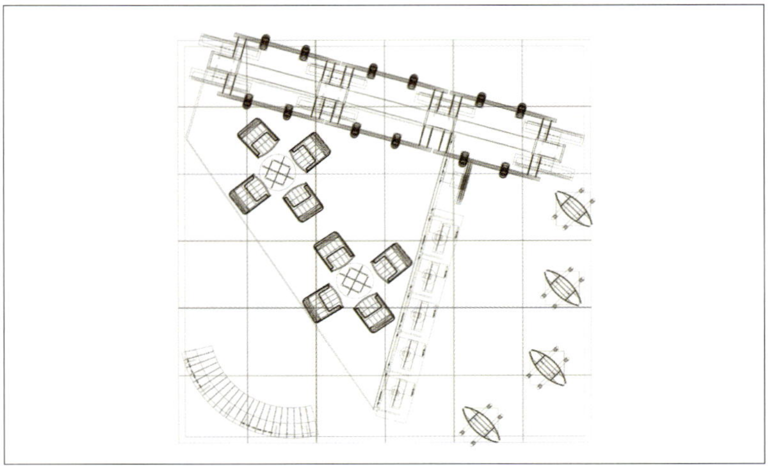

图15

（1）设备安装

各种设备搭建的效果和使用的材料应符合设计标准以及国家或地方的法规，特别要注意材料要使用非易燃物，且要到达燃烧扩散率不低于2级的标准。

（2）空间尺度

在进行展示设计时要考虑到每一个场景、每一个通道的空间是否足够实现无障碍通过，以保证出入口的顺畅。（见图16）

无障碍通过是指入场的过道或展场中的连接通道需要保留一定的无阻碍空间，包括不小于3米宽度的标准通道和不小于5米宽度的主通道。

（3）消防与安保

消防和安保工作是审核的最主要部分，也是消除安全隐患的保证，包括消防栓的设置、灭火器的设置等。（见图17）

（4）电器、照明和其他

检查电器和照明的安装及设置是否符合消防规范，同时试运行电器和各种照明设施。其中，灯具的亮度、散热以及效果需要重点调试。（见图18）

其他设施如音响设备、舞台效果、环保等也需要检查是否符合相应的规范。对于表演、背景效果等特殊的互动项目，最好能在展示前进行现场彩排。（见图19）

2.2.3 施工撤除

该部分往往是施工阶段最容易被忽视的环节。从展场撤出的大量建筑材料以及混乱的现场可以使设计师理解环保设计、绿色设计的意义和重要性。设计的最终完成并不是在展位投入使用的时刻，而是在整个设计拆除时。所以展示设计师在设计伊始就应该从材料、结构、搬运、重复利用等角度对设计方案进行推敲与规划，这才能保证展示设计的完整性，同时提高我国展示行业的整体设计水平。

图16 兼作消防通道的楼梯
图17 消防与安保器具
图18 照明和采光应用
图19 舞台效果应用

图16

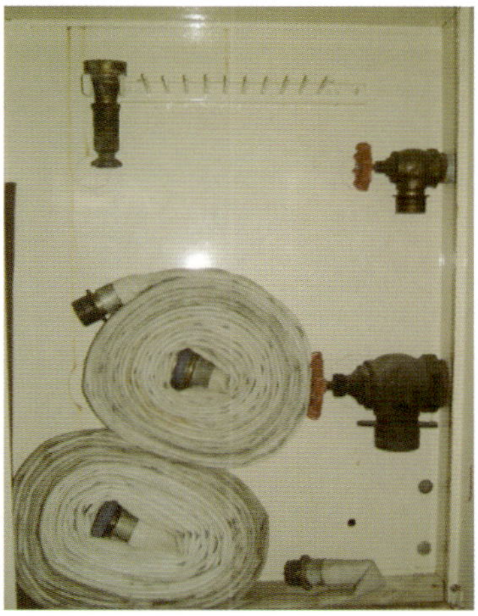

图17

图18

图19

教学实例　项目名称：剖析经典展示设计流程

本章主要对展示设计的流程进行了详细的讲解，大部分流程都适用于不同类型的展示设计。以下介绍特点鲜明并能清晰体现展示流程工作的展场。

在设计师与甲方进行沟通后，首先对展馆场地进行勘察测量，并根据科技馆的展示用途和目的进行设计。对功能空间安排进行规划，使每个空间都位置合理、用途得当，从而最大化地发挥其相应的作用。这些可以从设计计划书的初稿中表现出来。（见图20）

有了基本的设计草图后，设计师需要进一步验证其设计的合理性，并设计出参观者的浏览路线，使路线经过每个展示空间。在右侧的平面图中可以观察到，平面布置方案充分考虑了科技类展馆的特点。人流通道做到了流畅不拥挤，参观展线疏散得当，展区划分合理、动静兼顾。参观者在主参观路线的引导下可参与所有展项内容。同时，展项及分区设计得非常灵活，去除了部分展馆给参观者带来的强迫感。（见图21）

完成设计阶段的工作后，与举办方再次接洽。当举办方同意所有设计方案后，准备进入施工工作阶段。在施工前期，需要对应用的各种展具引入导示系统，用于加深参观者对展馆整体形象的认识，同时对各展项起到更好的引导作用。将这些理念通过效果图表现在图纸上时应该注意，在效果图纸上一定要表现出不同展具应用导示系统的效果，如游览路线的说明展牌应该足够大，其展示内容应该包括文字和相关图片等。（见图22）

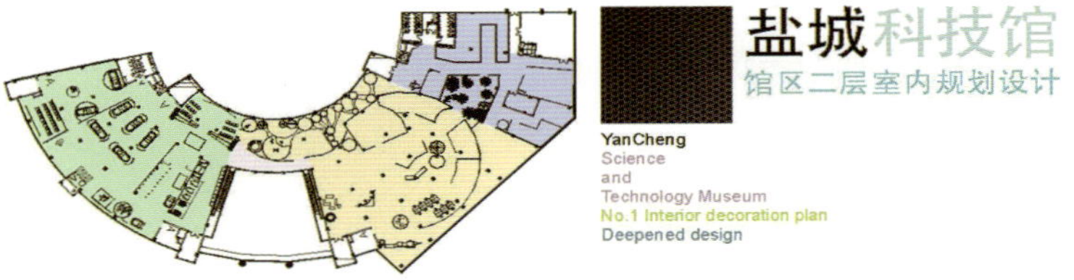

图20

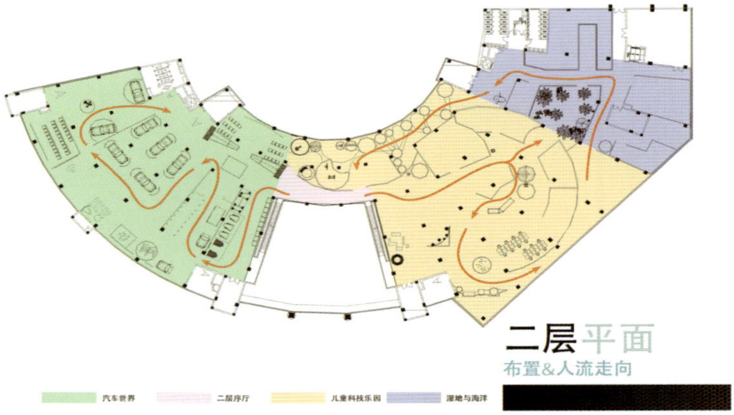

图21

图22

在进行具体施工时，首先要在设计方案上明确各个空间的主题和设计风格。连接这些空间的过道也要符合各种设计原则和施工规范，如汽车展馆和过渡大厅的连接通道被设计为主通道，这里是延伸到各个展厅的中心点。施工中，应该最大限度地保证人流的通畅。通过该处延伸出去的北侧区域设计为辅助通道，同时将"儿童戏水区"设置于此，从而达到了展示空间由"汽车世界"向"儿童科技乐园"自然过渡的目的。在汽车展馆的入口运用视觉强化的手法，使用放大比例的汽车轮胎给该空间定义。（见图23）

沿着参观路线，汽车的相关展品逐一呈现。在汽车展馆的展示空间里，没有精细的施工工程，为的是尽可能地突出展品，使参观者能直接接收展示信息。由于作为展品的汽车部件较为庞大沉重，展台一定要满足安全的条件。简单粗犷的展台，充分地体现出展品的工业气息，本色的水泥及钢架烘托汽车及零部件的精良，起到了很好的陪衬作用。（见图24）

在海洋展区中，将此区域的卫生间风格进行了特殊处理。设计师将其变为海洋环境中的一部分，使参观者充分融入到海底宫殿般的环境中，激发其无限的想象。

整个空间设计本着造型精炼、用料节俭、重点突出的原则，进行环境营造及选材配型。摒弃了与此精神相悖的无功能性装饰，既突出了科技馆特有的科技感，同时又不失地域特色，整个展馆贯穿了以人为本、科学发展的展示设计手法。（见图25）

图23

图24

图25

设计点评

通过上面的学习，读者已对展示设计的基本流程和流程中需要注意的事项有了较深的了解，下面对一些相关的设计进行点评。

图26点评

本设计是一个家装卖场展厅，展厅规模较小，属于大型展中的一个单元。设计师使用玻璃墙将其与其他单元进行有效的区分隔离，并将内部装饰成接近家居居室的效果，使展厅给人以温馨亲切的感觉，以更好地吸引参观者。但由于展厅较小，灯光照明很难体现层次感。同时木质的内部装饰较容易产生消防安全隐患，值得注意。（见图26）

图26

图27点评

本设计为一个大型环境风格展示，整体用色和照明非常统一，各种装饰物件也符合展示风格，是少有的大型展示中的经典。整个展厅的建筑用料以石材为主，所以如果该展示从内部开始搭建，可以方便石材的运输和安装。该设计的缺点是展示预算成本非常大，在施工阶段容易产生不可预计的问题从而偏离设计的原本意图，并且这类设计不适用于短期的展示。（见图27）

图27

图28~图30点评

本设计是私人艺术展，包括画作、雕塑等美术作品的展示。由于举办者租用了闲置的大型写字间，因此只需要对空间进行简单的清洁与布置即可，这样可以省去一大笔正式展厅场所的租赁费和装修施工费用。从右侧的图中可观察到展厅内部没有布置引人注目的装饰和展台，整个展厅的设计风格非常简单，照明灯具也是仅仅提供照明，并没有气氛烘托的效果。但是展品的陈列显得非常合理，甚至安排了剧情，从而将作品本身的艺术内涵充分地展现给参观者。（见图28~图30）

图28

图29

图30

图31点评

右图是一个灯具展示交流现场，从图中可看到灯具展的设计效果，可以初步判断该展场在设计时首先绘制了大量的初步草稿图纸，详细地设计了功能空间布置、材料施工顺序等。照明线路的规划是设计的重点，因此必须对照明线路的设计反复验证，同时考虑各种状况出现时的补救措施，杜绝展场中的无电、断电、漏电等安全隐患。在施工过程中，搭建各个空间和各种展具都需要为灯具或光源预留位置，也可以为灯具或光源安装或更换制作活动面板。现场调整主要包括检查线路是否通电，电压是否正常以及各种安全消防措施是否准备得当等。（见图31）

图31

图32点评

右图为某大型展位竣工现场，在现场中展场的施工完成效果非常理想。空间设计风格、功能规划以及照明系统的安装都完全按照设计图纸施工完成。同时该展位也为撤除工作做好了准备。由于展示主题的特殊性，设计展示空间中使用的材料都是轻便的复合材料，并具有组合功能。因此在撤除时具有便利性和环保性。（见图32）

图32

图33点评

该设计为大型电子产品展示，包括最新技术的应用和最新产品的发布等展示内容。右图为展示空间中的产品展示和试用区。在该区中，设计师应用了大量的照明光源，使空间中有足够的光线。在空间中安置的展板围成了一个内嵌空间。内嵌空间内部用于各种辅助设施的安装，如供电设备、电源箱等，这样可以避免各种线散乱地暴露在展厅中，使整个展示空间美观大方。在内嵌空间外部，也就是作为构成内嵌空间的展板上，布置了展示产品的宣传信息，并提示用于互动的产品信息。（见图33）

图33

图34点评

该设计为SONY公司最新数码产品的展示区域，从右图中可观察到该展示区域的应用效果。展示区域的背景展板应用了白色底色和绿色圆形，体现出展示区域的基本设计风格，这种风格也是参考数码产品的特点设计而成。设计师在设计展柜时充分考虑了数码产品体积小、易损坏的特点，因此设计了透明、空心的玻璃球体作为展具，将每一个产品独立展示。这种独特的展具不仅突出了产品，同时也统一了设计风格，且在制作成本上甚至比传统展柜所需的费用更低。（见图34）

图34

图35点评

右图为某展厅的施工现场，在图中可观察到展厅的施工已接近尾声，在展厅门口摆放了正准备进场的展具部件和各种材料。看似杂乱的现场，其实都是按照设计任务书在进行，如展厅内部材料加工台的搭建，材料进场的时间安排等。只有这样严格控制每一项工作流程，才能安全、合格地完成整个展厅的施工。

惟一的不足之处就是施工现场安装了展示使用的最终灯具，而不是临时照明光源。这样做虽然减少了一些工作流程，但实际施工过程中会不可避免地产生污垢和装修垃圾，而且施工有可能会损坏灯具，从而导致返工或成本增加。（见图35）

图35

图36点评

该设计为大型展板的应用效果，展板的设计风格完全体现出了设计师的设计理念，如绿色的基调、扇形装饰物、圆形的展示信息说明等。这些元素也透露出该大型展板简单的设计施工流程，大致可分为设计草图、施工图、任务计划书、材料准备、施工搭建等几个阶段。严格执行每个流程的要求，便可以一气呵成地完成该展板，并使其成为展场中的一个亮点。该设计惟一不足的地方在于信息说明字体太小，难以辨识。（见图36）

图36

图37点评

右图为通讯科技CDMA技术的应用展场，展场被整个大型展台所占据。从图中可以观察到，四个小展台组成了整个展示区域。通过展台可以完成技术展示、产品展示、用户互动、信息咨询等各项任务，符合基本的设计思路。展台除了进行展示的部分，还包括悬挂在顶部的大型灯箱。灯箱覆盖整个展区，且灯箱使用了鲜艳的红色作为主体色，可以很容易地吸引参观者。但由于该灯箱过于巨大，会造成很大的施工难度，同时还会埋下安全隐患。所以在施工时该灯箱必须优先安装，同时应反复检测其安全性。（见图37）

图37

图38点评

该设计为某艺术展厅中的一角，该区域的设计风格由最初的设计思路确定，局部特点鲜明但保持与整体风格的统一。在前期需要准备好堆砌空心墙体的材料，在施工过程中则需要明确空心墙体的制作方法，同时做适当的调整，如墙体的空心大小或距离。

在该空间中仅使用筒灯进行照明，即使在墙体空间部位放置了发光体，空间的可视度仍不理想，从而使空间的设计思路不能完整地传达给参观者。（见图38）

图38

图39点评

该设计为某科技展厅大厅，从图中可观察到科技展厅中不仅充满了应有的新奇气氛，同时还体现出了宣传教育意义。这些已达到的目的，正是设计师和施工人员共同努力的结果。在展厅的左右两侧，设计了造型各异的展板，用于宣传各种科技知识。在展厅正中，将地面作为展板，以动态的形式展示相关科技的应用。该项目在施工时有着非常大的难度，需要精确每个施工数据，但完工效果非常容易引人注目。惟一不足之处就是异型吊顶，既无照明效果，又不能起到引人注目的作用。（见图39）

图39

课后练习

1. 策划一个公益大型图书馆的设计效果图方案，特别注意图书馆的公益性和自身特点。

创意思路

首先对图书馆场所进行选地规划，应尽量建立在远离闹市区域，而靠近学校、社区等具有较大阅读人群的区域，然后根据实际情况建立具有主题思想的图书馆，如儿童图书馆或军事迷图书馆。

在进行图书馆设计时，要充分考虑到图书馆的采光性和通畅性。同时对图书的归纳分类要准确到位，然后依据这些分类进行功能区域划分，一些特殊的区域如吸烟室、上网区域等也需要合理设计。

施工阶段要多次测试照明效果，以避免日照光线或人工光源过强造成反光效果，从而影响正常阅读。（见图40~图42）

图40

图41

图42

2. 策划一个工业展示区域，要求全方位表现生产厂家的工业技术和产品。

创意思路

首先对生产商进行深入了解，了解生产商有何全新、高端和受众广泛的科学技术及产品，然后设计出一个能体现这些科学技术和产品的展览。

工业展览往往具有机械和金属的气息，可以采用金属吊顶和大型钨灯进行照明。将展览区域划分成熟产品区、新研发产品区、技术展示区以及文献资料区等，可以为每一个区域设定一个适当的主题，以展示技术和产品的应用。适当添加一些人文雕塑可以起到画龙点睛的作用，同时也能很好地宣传生产商的企业理念和宗旨。（见图43~图46）

图43

图44

图45

图46

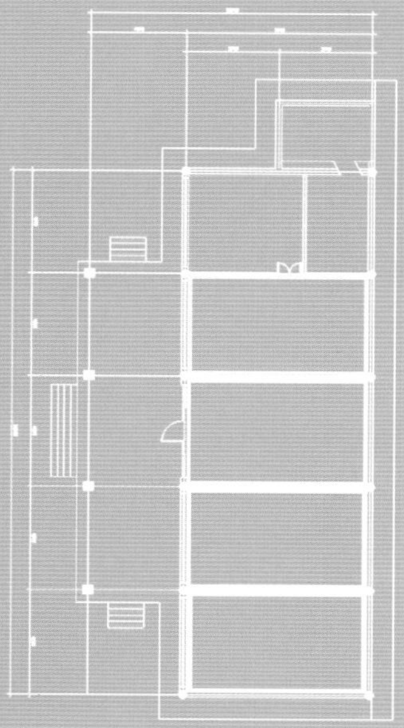

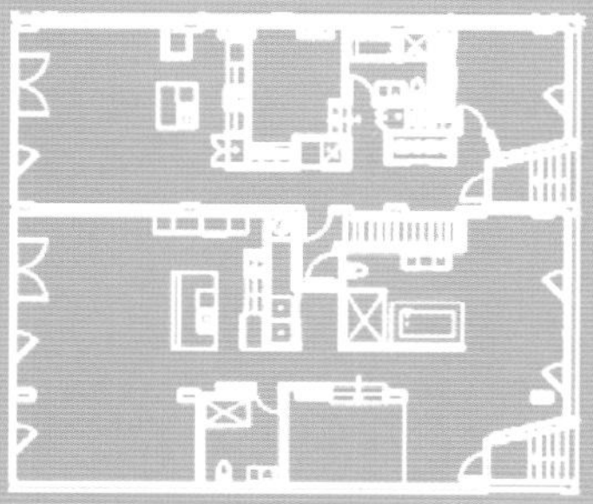

第3章 展示空间设计

课题概述

本章主要介绍展示空间的基本特征、常见造型风格、表现语言以及展示空间设计的主要因素、参照要求与方法。

教学目标

通过学习可以掌握展示空间的基本概念，对展示空间有较深入的理解，并能使用不同的方法进行设计。同时，熟悉各种空间造型风格和展示空间的基本设计要求和注意事项。

章节重点

空间的特征、空间设计的要求以及空间设计的方法。

3.1 展示空间特征

展示空间中综合了平面、立体空间以及时间等元素。通过在特定的空间中组织空间的功能系统、安排空间的序列关系，并加以实物陈列等一系列综合手段，构成基于展示主题信息的传递与广告效应，使参观者随着时间与空间的变化感受到各种展示信息，这便是展示空间的基本特征。（见图1）

3.1.1 展示空间的分类

展示空间从环境角度上可以简单分为室内空间和室外空间两种类型，而室内空间主要有实体空间、虚拟空间和感知空间等三种构成形式。

（1）构成形式

1）实体空间的应用范围和界限非常明确，并具有较强的私密性，参观者能够非常容易地辨识出不同的区域。

2）虚拟空间相对实体空间较为“含蓄”，通过围合、覆盖等手段建立有形的空间，如灯光、色彩或质感。

3）感知空间并不是实际的区域，而是基于参观者对展场的感知认识，如视觉、听觉等。（见图2）

（2）展示空间的划分

展示空间的构成主要是依据其功能要求划分的，大致包括主体空间、公共空间和辅助空间。

1）主体空间

主体空间是展示主题内容的主要空间，是传达展示信息的关键部分，特别是展示空间、陈列空间、销售空间以及演示互动空间等。（见图3）

2）公共空间

公共空间即共享空间，是参观者使用和活动的区域，主要包括通道、过渡空间、各种休息室和餐饮区域。（见图4）

3）辅助空间

辅助空间在整个展示中起辅助服务作用，如储藏空间、管理办公区、安保人员区以及设备维修区等。（见图5）

图1 空间特征的凸显
图2 容易引起感知共鸣的空间
图3 主体空间
图4 公共空间
图5 辅助空间

图1

图2

图3

图4

图5

3.1.2 展示空间的序列和造型

展示空间的序列和造型是空间的设计体现，其中展示序列是将展示内容合理结合的一种艺术形式。它将展示内容转换为富有逻辑性的部分进行展示，并赋予这些独立的部分以不同的寓意，从而使参观者随着展示信息的变化产生身临其境的感受。

空间造型是设计风格的表现，如格律严谨的古典风格、简约的现代风格等。而在展示空间中，整体与局部的协调、主次关系的组合以及各种尺度、明暗、材质的处理都可以作为影响展示空间整体风格的因素。（见图6~图7）

3.2 常见的展示空间造型风格

一个展场的分析定位、参观者的审美取向以及领域地位等因素影响着空间造型的设计风格。当然，设计师必须使空间造型风格在符合展示主题的前提下，与其他元素进行融合，以适应参观者并符合自身的展示地位。

3.2.1 东方设计风格

中国传统建筑环境艺术是东方传统设计风格的代表，也是最常见的空间造型风格之一，多用于楼盘等展场。最具代表的是唐朝风格、苏州园林风格以及明清建筑风格。其中唐朝风格造型简明，比例尺寸适当。苏州园林风格则习惯将门窗采用栅格形式，并应用精致的雕刻，造型强调对称、一致。明清风格的空间造型具有更多的细节处理，梁柱多绘制各种图案，并且用色多样秀丽。（见图8）

3.2.2 古典主义设计风格

古典主义造型风格实际上在展示中应用较少，只有在展出一些具有历史意义的物件时，才会考虑应用古典主义造型风格。（见图9）

古典主义表现的是伟大、庄重、严肃，是封建时期权利的象征。古典主义经历了鼎盛、衰落和再度复新三个时期，封建集权的顶峰时期也是古典主义盛行的时期。当封建王朝没落时，社会意识形态产生了较大的变化，古典主义也开始向洛可可风格过渡。直到路易十五晚期，人们才形成了对洛可可主义的更改评判而德国考古学家温克隆尔曼的《古代艺术史》一书则唤起了人们对古典主义的兴趣，但新旧古典主义并没有明显的区分。在现代建筑业中，特别是以开发商为审美主导的企业，各种楼盘展和房展的设计风格集中出现了一股向古典主义靠近的趋势。（见图10）

图6 设计复杂的商场空间
图7 具有良好采光性的空间
图8 传统东方设计风格
图9 古典主义风格
图10 室外古典主义风格

图7

图8

图9

图6

图10

3.2.3 解构主义设计风格

在20世纪60年代的法国，雅克·德里达不满于西方哲学思想，对传统的哲学信念发起挑战，从而产生了解构主义。

解构主义反中心、反权威、反二元对抗、反非黑即白理论，因此在任何领域都具有一定的争议性。

在建筑的空间造型中，解构主义表达着无绝对权威、个人的、非中心的、恒变的意味。在这种风格的设计中没有预定的设计，甚至连工程图纸都不需要，仅仅依靠草图和电脑来完成设计。

从表象上看，解构主义还传达着多元化、非同一化等思想。（见图11~图12）

3.2.4 超现实主义设计风格

超现实主义是起源于法国的文学艺术流派，对视觉艺术的影响力深远，在上世纪二三十年代盛行于欧洲文学及艺术界中。

超现实主义受到弗洛依德精神分析理论的影响，主张放弃以逻辑、有序的经验记忆为基础的现实形象，尝试将现实观念与能、潜意识与梦的经验相融合。其特征是使用所谓的“超现实”、“超理智”的梦境、幻觉等作为艺术创作的灵感。

超现实主义的应用领域不仅局限于文学，同时在绘画、音乐、环境等艺术领域也得到了广泛应用。（见图13~图14）

在环境领域中，包括建筑、室内和展示设计，都能看到超现实主义的应用。在有限的空间里运用不同的手法可以造成空间扩大的感觉，看起来凌乱的空间形式实则具有流动的线条。灯光照明也显得变幻莫测，同时还常使用浓重、强烈的色彩。

3.2.5 自然主义设计风格

随着生活节奏的加快，人们的生活快速而繁忙，渴望回归自然的心理日趋迫切。于是，自然主义成了人们心中放松与回归的代名词。自由清新的感觉，与环境融为一体的居室设计就好像把家放在大自然中，所有的疲惫和倦怠都烟消云散了。无论使用什么材料和技术，回归都是永恒的主旋律。原始粗犷的古朴质感配合现代风格的冰冷凛冽，自然主义以质朴又变化无穷的姿态融入到了当代生活之中。（见图15）

图11 解构主义的建筑结构
图12 解构主义的室内装修风格
图13 超现实主义建筑一
图14 超现实主义建筑二
图15 自然主义风格应用

图11

图12

图13

图14

图15

3.2.6 简约主义设计风格

简约主义源于20世纪初期的西方现代主义，简约主义是在20世纪80年代中期对复古风潮的叛逆和极简美学的基础上发展起来的。20世纪90年代初期，开始融入室内设计领域。

简约主义以简洁的表现形式来满足人们对空间环境感性的、本能的需求，是当今国际社会流行的设计风格——简洁明快。现代人快节奏、高频率、满负荷的生活，已经使人到了无可复加的地步。人们在日趋繁忙的生活中，渴望得到一种能彻底放松，以简洁和纯净来调节转换精神的空间，这是人们在互补意识支配下，所产生的摆脱繁琐、复杂。追求简单和自然的心理。（见图16~图17）

3.3 展示空间设计的主要因素

设计师应依据展览计划对展览脚本、展品或商品等观示内容以参观者的活动路线规划一定的层次和分类，制作展出空间分配计划，从而使不同功能空间的连续性更加合理。

3.3.1 整体规划

在进行展示设计的过程中，特别是大型的综合性展示，有必要对构成大环境的群体空间的组合形式进行整体规划和布局。（见图18）

规划和布局主要依据空间的环境结构实现，各种功能空间的连接和设计要显得有次序、避免路线重复、功能空间分布不合理等现象。在如历史纪念馆、博物馆等展示空间中，入口、序馆、各个主题空间以及展品空间，设计效果应达到顺序分明、时序逻辑正确，从而给人以严谨、庄重的感觉。而在类似交易市场、艺术展示的空间中，空间的规划较为自由，主题空间组合随意，参展路线无主次先后之分，应给人以轻松随意、舒适自由的感觉。（见图19）

3.3.2 结构处理

结构处理是空间设计表现的主要手段，实际上是对每一个独立的主题空间或功能空间进行处理的手法。

主题空间或功能空间作为整个场景中的一个局部空间，可以使用不同的构成形式，如竖向垂直处理和水平横向处理等。（见图20）

图16 简约主义的装饰
图17 简约主义的建筑
图18 展厅整体规划初期
图19 符合实际用途的规范应用
图20 结构简单的会议室

图16

图17

图18

图19

图20

竖向垂直处理的原理是物体垂直距离越高，水平视觉距离就越远。可以通过将空间的顶部界面沿垂直方向调整高度，改变参观者产生的情绪和视觉感觉。还可以沿垂直方向加层拔高的方法扩大展示面积，这样不仅对空间的展示处理得当，还在某种程度上节约建造费，适用于休息室等空间。（见图21）

横向水平处理的方法更为常用，在保持功能分区合理的原则下，可以使用各种形式多样的处理方式，如空间的围隔和联系方法。围隔可以使开放空间和封闭空间的界限变得模糊，空间显得更具动态效果；而联系的方法就是合理应用通道、绿化带以及展板等小型物件联系不同的空间，有效增强空间的统一性。（见图22）

3.4 展示空间设计的要求

无论是展示空间的主题风格设计还是功能设计，设计的目的首先要以满足展示主题为前提，并使展出内容符合不同情况下的观览需求。同时还需要具有独特的艺术魅力以吸引参观者，此外整个空间的搭建和用料必须符合相关的技术和环保要求。（见图23）

3.4.1 空间功能

展示空间是为展示内容及展品服务的，所有的展示手段和语言都是为了更好地宣传和衬托展品。

现在很多设计师往往偏离了这一核心原则，动辄追求夸张的造型和华而不实的电脑特效，忽视了展示最根本的功能与目的。

评价一个展示空间的好坏，主要是看它能否以恰当的手法烘托展示主题，突出展示内容。如图片展览区域应该以展示图片为主，休息区应该提供安静的环境供人休息。（见图24）

3.4.2 视觉效果

展示空间在满足衬托展品需求的同时也必须满足人们的审美要求。调动参观者的积极性、强调体验性、强化视觉审美是现代展示设计的另一个核心。

在这一设计原则的驱动下，现代展示设计的整体空间也成为展示主题的一个组成部分。换言之，展示空间本身也成为了参观者观览的一个环节。而这也正是展示内容和信息通过展示这一方式被艺术性强化并再次传播的重要环节。

展示空间的视觉效果是现代展示设计的基本追求，优秀的视觉效果是最能抓住参观者注意力的因素，也是展示现场诉求力的表现。（见图25）

图21 竖向垂直处理效果
图22 围隔的应用
图23 简单的空间
图24 服饰展的应用
图25 展示空间视觉效果

图21

图22

图23

图24

图25

空间的美感基础建立在空间的结构造型、内部装饰以及心理设计等方面，空间的形象感、节奏感等则是空间审美的要素和形式。

另外，在信息传递过程中，各种语言符号甚至声音都能引起人们的视觉注意，在心理学上称为感觉的注意和观念的注意。添加这些语言符号和声音，是视觉应用的必要因素。（见图26）

3.4.3 心理效果

展示空间给人造成心理感觉的基本原理与环境心理学相通，环境与人的心理之间是相互作用、相互关系的。

不同的空间构造方式会使人形成相应的心理印象，如整齐划一的建筑结构通常表现为固定的空间，可以传达庄严、肃穆的心理效果。而穿插和交错的空间构造，空间形式表现为动态或静态，人们容易感受到活跃、轻松的心理感受。（见图27~图28）

只有达到功能要求的心理与情绪效果时，才能符合对展示空间的心理设计要求。如服装展厅给人时尚、潮流的感觉，因此空间的构造可以应用错位、交错、穿插等手法。而严谨、暴露等构造手法的应用，则有利于为科技展览创造遐想、凝思等心理环境。（见图29）

3.5 展示空间设计的方法

每一个展示设计师都希望在作品中创新，但经验表明，这种创新其实并不新颖。展示空间设计中的表现方式基本已经穷尽，或者说我们所想的创新方式前人都已经使用过。所以为了创新而创新的设计思路是不可取的，展示空间设计的出发点还是聚焦在展品本身。恰当的调用空间语言巧妙地表现展示内容才是展示空间设计的真正着眼点。

应以展示空间设计的要求为参照标准，根据展示空间设计的主要因素对展示空间进行具体的设计。这些设计具体包括平面布置、空间配置与分割、时序与动线等方法。

3.5.1 平面布置

在整体规划中，平面布置作为空间设计的基础，引导着展厅构思和定位，更是创意的出发点。

平面布置工作可以从基本形态、功能安排、时序控制等方面入手。其中，基本形态是指确定总体平面设计方案、空间构成形式、对整体与局部的细节进行检查调整，使整个展厅显得协调一致。（见图30）

图26 空间美感较强的展厅
图27 给人活跃感受的空间
图28 给人轻松感受的空间
图29 容易形成热烈气氛的场地

图26

图27

图28

图29

对功能空间的配置和展品的陈列工作非常重要，应按总的平面规划序列以及展品的特点进行安排。

展品的展出次序和参观者的路线规划也是非常重要的，应体现出动线的方向。一般情况下，展场都使用顺时针方向陈列展品。（见图31）

平面布置工作还和场地实际情况以及预计参观人数有密切关系。根据这些情况，可以选择以下不同的布置方法。

1）临墙布置

临墙布置多在开口少、深入的展厅，方便动线的串联，展品也属于“一面观”类型，如字画等。（见图32）

2）中心布置

中心布置方法是指将主要的展品以居中位置进行突出表现，如青铜雕塑等，这种方法适合用于正方形、圆形等规则场地。（见图33）

3）散点布置

散点布置类似于中心布置，是多个展品中心布置方法的衍生，这种方法多用在同一展场中。（见图34）

4）网格布置

在大型的展场中，特别是贩卖形式的展场，常常应用标准的摊位形式。

5）混合布置

混合布置是根据实际情况对前面几种布置方法的综合应用，在展品有多种类型时会使用这种方法。（见图35）

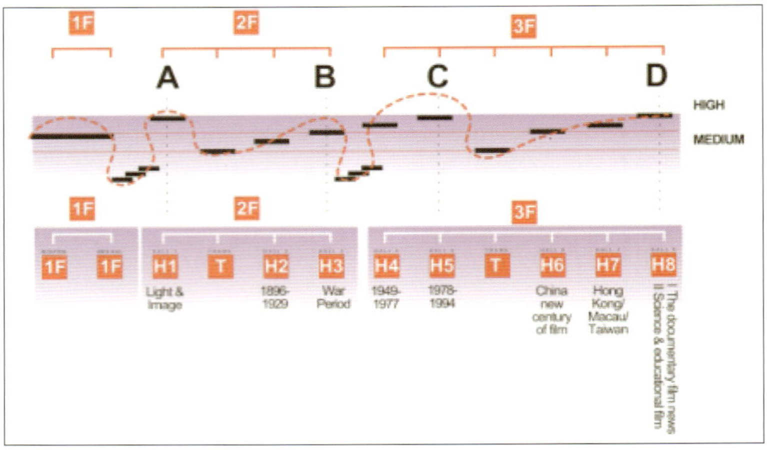

图30

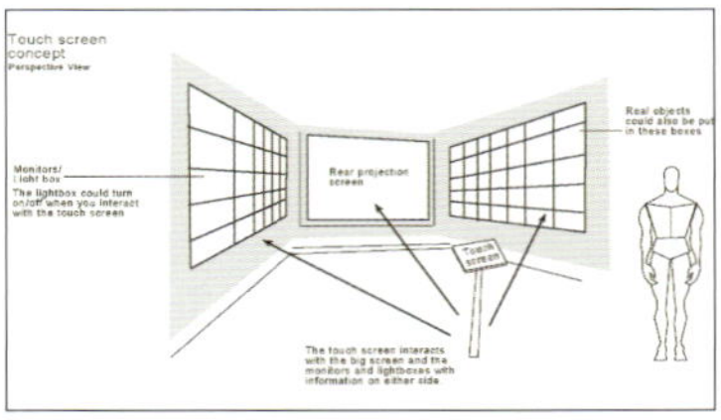

图31

图33

图32

图34

图35

图30 展厅的平面布置图
图31 展示项目的应用原理图
图32 临墙布置的平面示意图
图33 中心布置的应用效果
图34 散点布置的应用效果
图35 混合布置的应用效果

3.5.2 展示空间格局

在空间格局的设定过程中，设计师必须了解展示主题、展出内容等情况，然后根据具体的场地条件和投资方的预算规划出正确的空间位置和形式。（见图36~图37）

空间格局的方法包括嵌套、交叠、连续、邻接、分离等方法。

1）嵌套

嵌套是指大空间中套用小空间，空间内展示的主题属于同一大类，大小空间有主从或简略的区分。通常小空间中的展品更典型、更重要。如在某品牌服装卖场中，整个卖场属于大空间，在不应用空间构造的任何方法前提下，直接设立一个服饰精品专区，这个专区就属于嵌套在大空间中的小空间。（见图38）

2）交叠

交叠是指两个独立的展示空间产生了部分交叠，但两个空间的展示内容一定要具有共通或相似之处。（见图39）

3）连续

连续的空间格局，适合应用在两个无明确联系关系，但又不宜使用明显界线的独立主题空间中。如以季节性为展示主线，春季展示空间和夏季展示空间就需要一种柔和的过渡。（见图40）

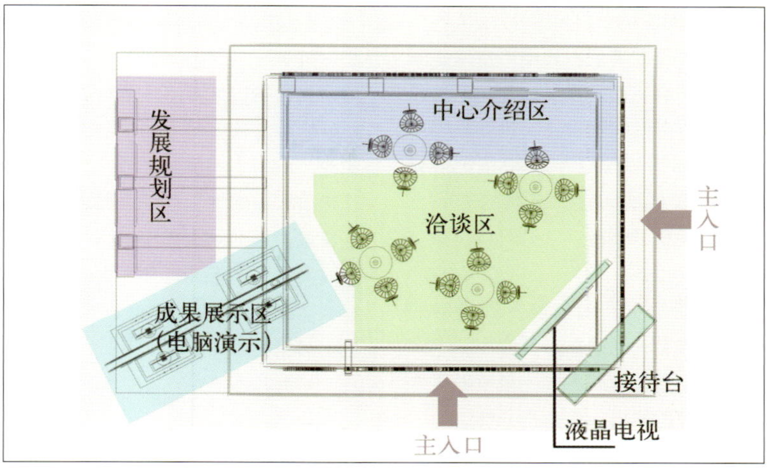

图36

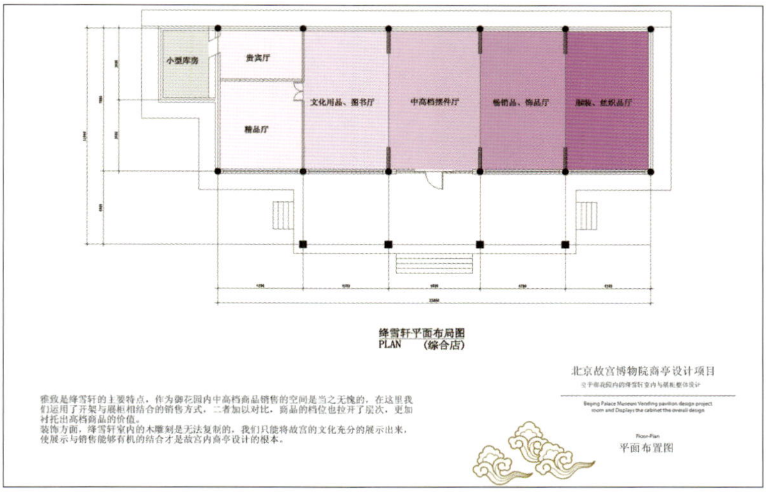

图37

图36 空间应用说明
图37 空间格局规划
图38 嵌套空间平面示例
图39 交叠空间应用
图40 连续空间应用

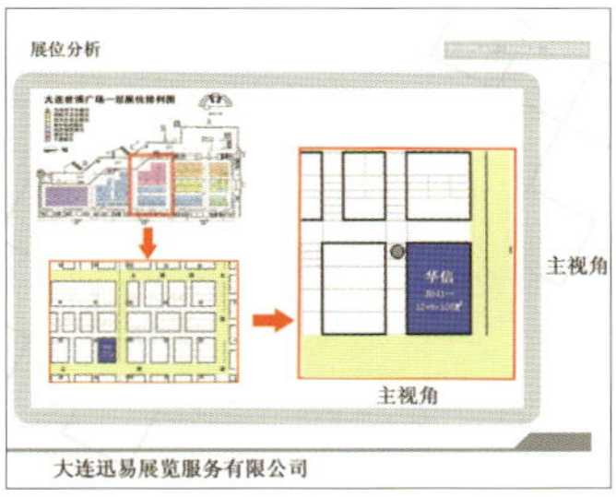

图38

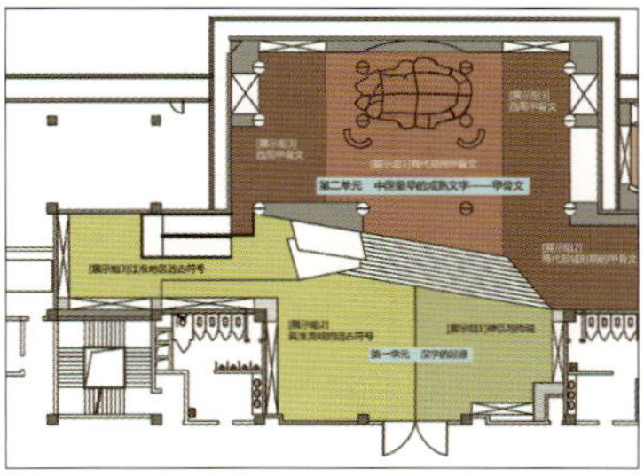

图39

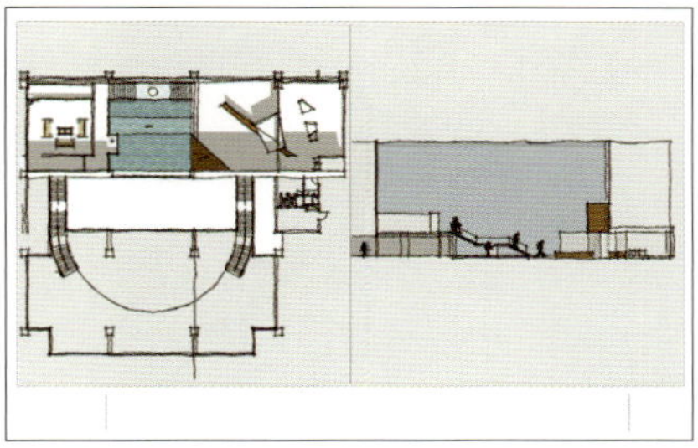

图40

4）邻接

在普通的展示空间中，空间之间没有特别的关系且完全独立，但却紧紧相连并有明确的界线，这就是邻接空间。如图书馆中存放90年代书籍的空间和存放80年代书籍的空间，其关系就属于邻接。（见图41）

5）分离

在两个空间内，展示的内容完全不同甚至相对独立，并应用了不同的构造方法，使展出的主题或内容得到了相应的突出，这就是分离空间。如在艺术展中，两个空间分别要展示油画和国画，此时就应该使用分离的手法确定空间格局。（见图42）

3.5.3 时序与动线

动线是指参观者在展场中的活动路线，一个展场中可以存在多条动线。时序是展示空间时间顺序的线路，体现了展示空间展示内容的前后次序，是总的动线。

动线的确定需要保持整体连续性，根据展示内容衍生的科学程序安排动线走向，同时还得考虑到与原有建筑空间保持和谐，其次，消防、安全、疏散等也是重要的考虑因素。

动线的组织可以使用不同的方法，可分别通过线、点和网格三种方法来产生动线。

1）线的方法

展示空间可沿线的关系进行安排，动线可以是直线、曲线或折线形式，这种方法多用于出入口稳定、进深浅、房间小的展示场地。为了保证其连贯和顺序性，展厅之间的动线应当首尾衔接。以线组织空间时，多为串联形式，而且线式分为直线式和曲线式，这两种形式包括以下几种方法。（见图43~图44）

- 井字式
- 平行式
- 一字式
- 对角线式
- 弧线式
- 圆线式
- 曲线式

2）点的方法

在动线结构中，有端点和节点之分，端点代表出口和入口，节点则表示转角或多个路口的连接点，围绕端点或节点安排动线，会产生放射状、多核状等形状。

3）网格的方法

在宽敞的展场中，通过网格产生动线是常用的手法，即线和点的综合应用，这种方法特别适合于经济类的展场，如经济博览会等。（见图45）

图41 邻接空间的应用
图42 分离空间的应用
图43 井字式路径
图44 曲线式路径
图45 网格动线的应用

图41

图42

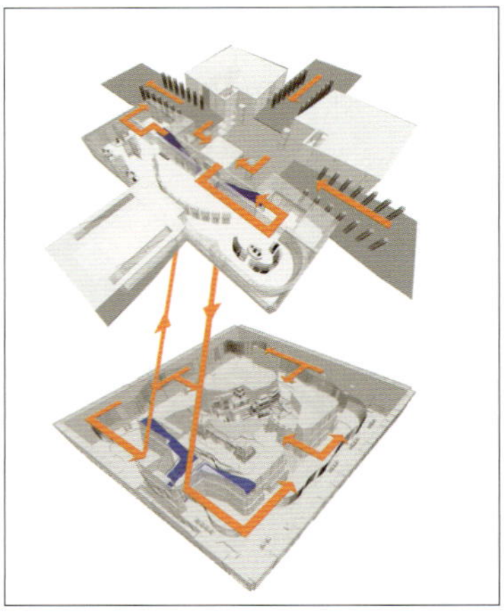

图43

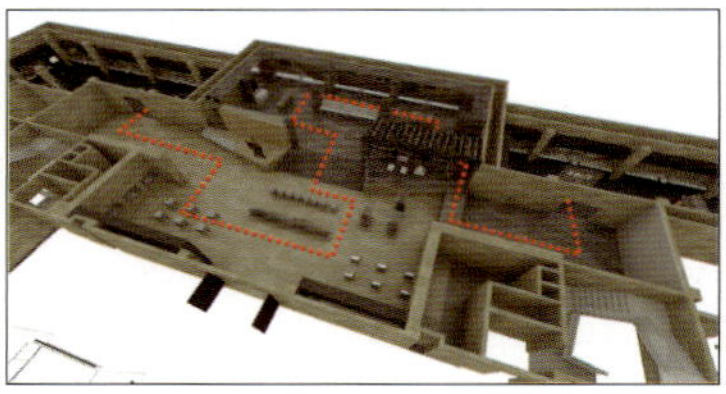

图44

图45

教学实例 项目名称：空间设计

本章主要对展示的空间设计进行了讲解，介绍了空间的特征和常见的造型风格。对空间设计的主要因素进行了分析，重点讲解了空间设计的要求和设计方法。下面介绍一些能表现出典型特征的展示空间。

右侧的图片是某科技公司应邀参加软件技术交流会而制作的展位设计方案。通过参展性质，可将展位划分为科技展，并在展位意向设计说明图纸中明确了展位的空间造型设计风格和意义。企业标识设计的造型不仅符合科技类的展示设计，还起到了强化标识、强化企业形象及强化视觉效果等作用，同时给人以个性、通透的展位风格。（见图46）

从展位意向设计说明图纸中可了解到展位空间的规划设计，主要是空间的功能规划和布局设计，包括洽淡区、接待台、表演舞台、大屏幕以及演示台和储藏间等，并进行了详细标注。从侧面的公司LOGO和展位外观效果图可了解到基本的设计风格。（见图47）

右图为该展位的详细功能分区和人力动向分析设计图纸。该图纸中详细介绍了每个功能空间的具体用途，如介绍演示区将对软件业务进行介绍，让参观者更了解企业；软件演示区将介绍企业重点产品；大屏幕舞台将进行产品的使用演示等，使整个展示空间都尽可能地被有效应用起来。右侧的图注明了展位在展场中与各个通道的关系以及人流可能进入展位的方向。其中主通道被设计成接纳人流的主要通道，从而也决定了展位的朝向。此外，使展位背对的人流量相对较少的通道成为连接通道。（见图48）

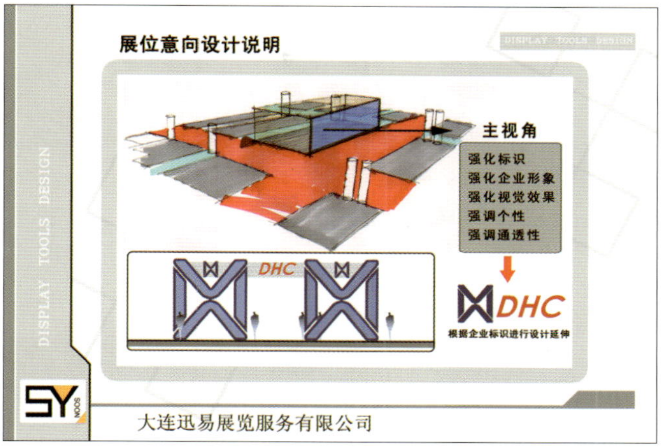

图46

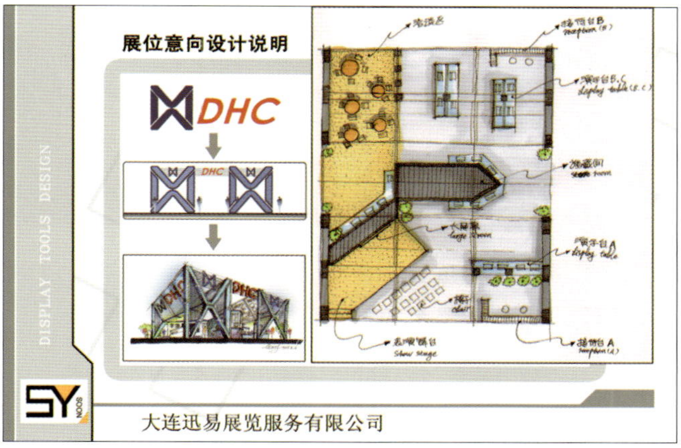

图47

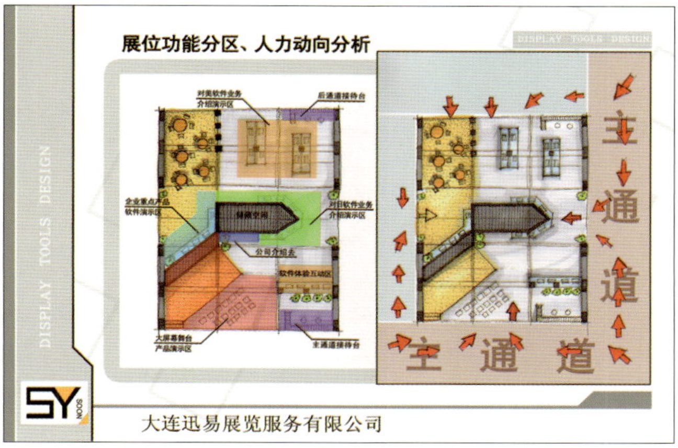

图48

右图为展示空间的整体设计方案，图纸为手绘效果图。在该方案图纸的主要目的是将企业精神体现到展示设计中，并设计了两个方案，可以让企业方选择一种更符合展示中心产品的方案。

其中沉稳、凝重、严肃的空间设计风格更适合展出具有一定市场份额、较为成熟的产品，给人以信服的感觉。另一种设计方案则表现出科技感强、具有明快、年轻的设计风格，更适合应用到企业新产品或高端产品的展示，能够吸引更多的参观者。（见图49）

在空间设计过程中，特别是在对空间风格的设计时，如果设计师应甲方要求需要完成多个方案进行对比，应该及时、持续地与甲方进行沟通，对不同设计风格提出自己的建议或意见，同时听取甲方的提议。确定的最终方案一定要是甲方赞同、设计师满意和施工工人能够操作实施的。设计师最好制作出三维效果图，使甲方和施工工人能更直观地了解设计风格的应用和展示空间的大致效果。右侧的效果图表现了甲方选择的沉稳、凝重和严肃的设计风格。（见图50）

当所有方案通过后才能开始施工，设计师必须监督整个施工流程。因为在特殊情况下，可能会对设计方案进行适当的调整。右图为软件技术交流会现场的实景拍摄照片，可观察到照片中的展台和效果图有所差异，这是因为原有展台的操作施工难度过大，不得不放弃。新的展台应用仍然符合整体风格和空间功能，新展台主要作为软件体验互动区，可以使参观者体验到软件在现实生活中的应用。该区域空间位于展位的边缘，与人流量相对较多的主通道邻接，使软件互动的功能充分发挥，足以吸引到参观者。（见图51）

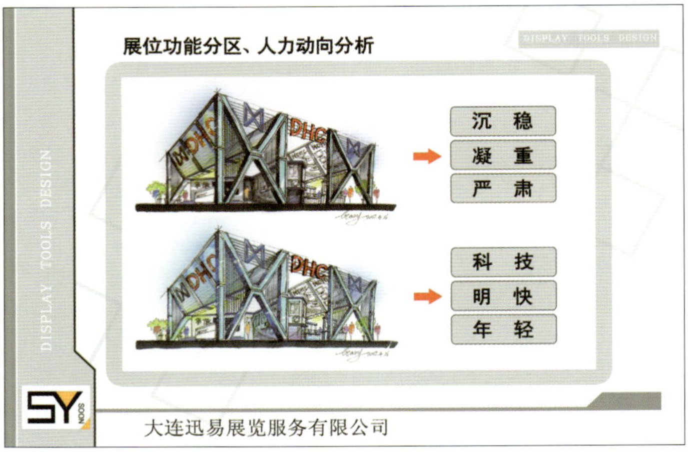

图49

图50

图51

设计点评

通过本章的学习，读者已经对展示空间规划布局的方法有了较深的了解，下面对一些相关的设计进行点评。

图52～图54点评

图52、图53和图54是某体育馆内部，从图中可观察到整个体育馆应用了大量的石材和木材。在建筑的基本结构上，如支撑柱、楼梯和地面等应用石材，在外墙结构、装饰内墙以及观众席位等则应用了统一纹理的木料。该展示空间的简单用料可以使整个空间达到统一的风格，但大量的木料增大了消防安全的管理难度，同时在建筑结构的承重问题上也埋下了一定的安全隐患。建议采用钢质结构代替木料，然后为钢结构贴上木纹纹理，特别是在外墙结构。（见图52～图54）

图52

图53

图54

图55点评

本设计为高层建筑展示的外围走廊，从图中可看出整个建筑多采用石料，从本质上给人一种坚固的感觉。走廊外围建立了栅格，不仅起到安全保护作用，还使光影的表现非常具有艺术性。右侧则围起新的空间，并使用玻璃幕墙作为新空间的间隔，减少了玻璃幕墙的造价成本，同时对应左侧的石材栅格，使其相互呼应。但在该设计中，左侧的栅格和右侧的玻璃幕墙都有不足之处。左侧栅格石台可以供人休息，但栅格底部未设置遮挡部件，容易掉物，玻璃幕墙侧未采用保护玻璃划花的措施。（见图55）

图55

图56点评

本设计为某娱乐场中的视听表演舞台，在该空间中各种区域划分合理，色调应用得当，同时还应用了先进的视听设备，使舞台气氛能够很好地被带动起来。但整个空间区域的子空间过于紧凑，舞台过高，在活动过程中流动性较差，同时也影响前排观众的视线。（见图56）

图56

图57～图58点评

该设计是某展示空间的搭建初期效果，从局部照片可观察到该展示空间属于半开放式空间结构。展场入口属于室外，但没有使用门来隔断空间。室外部分用于介绍展示情况，使用光鲜的白色大理石并雕刻展示文字，给人以庄重肃穆的感觉。室内则应用了清新淡雅的浅黄色，同时加上简洁的线条装饰，使整个展场表示出简约主义风格的气息。该设计惟一不足之处就是出口和入口同为一处，使展示空间的人流量受到很大限制。（见图57～图58）

图57

图58

图59点评

该设计为某体育俱乐部总部，在底层通道中空间功能应用非常明显。在作为通道的同时，它起到了展览的作用，同时将整个通道设计为俱乐部历史球员展览的主题空间，以临墙布置的方法在墙面上和顶上展示了该俱乐部历史上各时期的代表名人，表达出该俱乐部的悠久历史和业界实力。

在大厅中大面积地应用了俱乐部的传统颜色——红色。红色展墙贯穿了各个楼层空间，使各个楼层空间自然融合。同时，其鲜明的色彩与周围反差强烈，这样不仅能使参观者感受到非常强烈的视觉冲击力，同时还传达了俱乐部的理念和精神，突出了强烈的娱乐文化。（见图59）

图59

图60点评

该设计为俱乐部内部顶层楼道口的平视图，从图中可观察到整个楼道设计为回廊式，使参观者或来访者在迂回的动线中游动，并可以有选择性地进行参观。空间格局也显得非常明朗，使不同的空间紧紧相邻，同时将每层吊顶做了倾斜处理，并在上顶喷绘了俱乐部名人。该空间惟一不足之处就是吊顶过高，在参观过程中容易被忽略掉。（见图60）

图60

图61～图62点评

图61和图62是某建筑艺术展厅的局部通道，是展厅中动线的表现。由于展品的特殊性和场地的限制，设计师在动线上对场景内部空间进行的设计采用了夸张的超现实主义风格，使整个内部空间成为一个大型的展品。在内部空间中再使用嵌套的方法建立子空间，以展出真正的展品。在空间内部的各处建筑面上，还嵌入了各种点缀物，如筒灯等。作为解构主义设计风格的展示空间，不足之处就是施工难度过大，设计师与施工人员的沟通也很难达成一致，从而会导致施工期较长。（见图61～图62）

图61

图62

图63点评

图63是建筑艺术展厅的休息区域，由于采用了交叠的手法，所以设计师的动线设计将穿过休息区域，使休息空间和通道具有共同的部分。由于动线与休息空间的交界处也不明显，这样使参展者不必刻意地寻找休息区，而是在很自然的情况下就进行了适当休息。

在休息区域中放置了简单的休息道具，并使休息区域正对着建筑采光窗口，可以使参观者感受到在建筑中沐浴自然阳光的舒适。同时，休闲区的设计风格仍然符合建筑空间内部整体的设计风格。（见图63）

图63

图64～图65点评

图64为某画展的室外景观和平面规划图纸。在平面规划图纸中，明确地对展厅空间划分进行说明，同时还对展厅的周边环境进行标注，可以通过设计图纸一览展厅的大概空间布局。

图65为展厅的内部结构，通过图示可看出展厅中的动线采用了折线的方式，通道的端点连接展厅的正厅。

在展示风格上则采用了现代风格，应用了大量的玻璃和金属，并使用成熟稳重的色彩以配合展示内容的风格。（见图64～图65）

图64

图65

课后练习

1. 策划一个综合品牌的奢侈品的展厅方案，需要对各类展品进行完美的展示。

创意思路

首先确定展品的内容，如常见的奢侈品主要包括各种珠宝首饰、包等，并根据展示类别进行适当的区域划分。由于是综合品牌，因此需要弱化品牌理念，强调展台的安全性，最好应用中心布置的方法安排展台的位置。在展示设计风格上，采用朴实却贵重的大理石做地板，深色的木料做墙，给人以奢华、金贵的感觉。（见图66）

图66

2. 策划一个私人小型雕塑展厅，需要有展示区域、活动区域等多功能空间。

创意思路

类似于私人的小型雕塑展，参观者主要是举办方的朋友、学生或业界人士等，所以展厅的空间设计风格可以不拘一格，空间布置则要体现出随意，这样自然给人亲切的感觉。在展品展位规划时，应该根据展品的大小规格确定在展场中的位置，并规划出休息交流的区域，使展厅达到真正交流作品、促进感情的目的。（见图67）

图67

3. 为艺术展厅制作一个室外公共休息区，能起到避雨遮暑的效果，同时要具有一定的艺术效果。

创意思路

由于是为展厅参观提供的室外临时休息点，因此要尽量考虑展厅内部的设计风格，使两者风格一致。其次，实用性和耐用性也是设计的重点。最好将其设计成半封闭空间，这样可以通过直观的方式让参观者决定是否入内。可将外壁上设计为可闭合的扇页，这样可以达到雨天避雨，晴天避暑的效果，同时又不影响其美观。（见图68）

图68

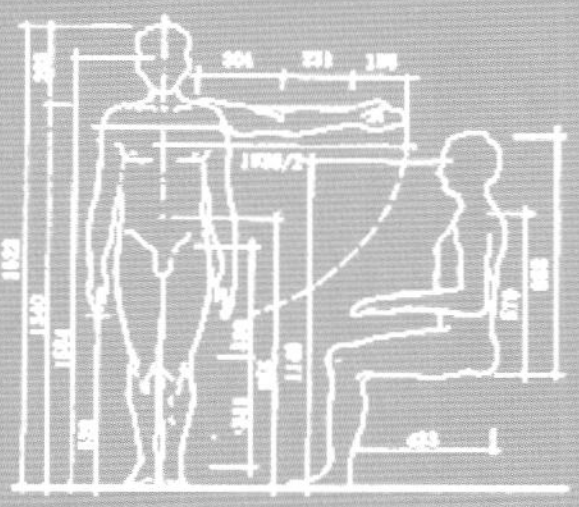

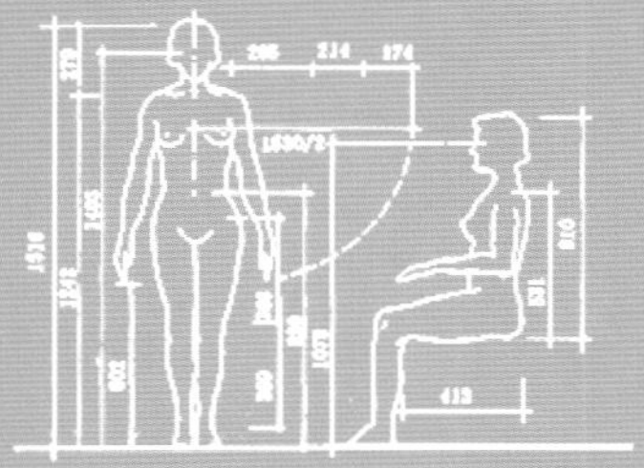

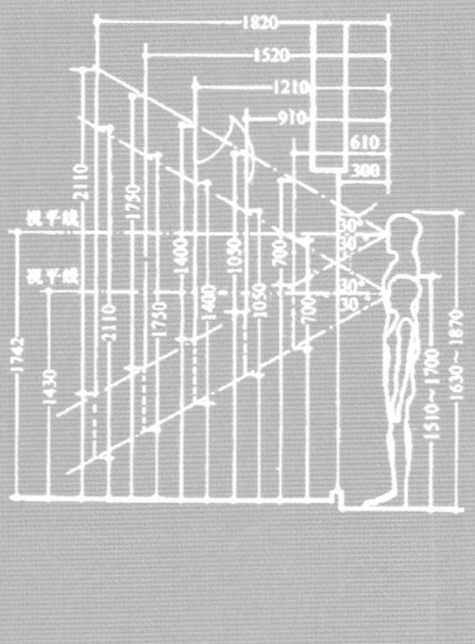

第4章 人体工程学在展示设计中的应用

课题概述

本章主要介绍了人体工程学在展示设计中的应用，包括人体工程学和展示设计的关系、尺度要求以及人体工程学中的心理因素和视觉因素。

教学目标

通过学习，掌握在展示设计时如何应用人体工程学设计出使人感到更亲切的展示空间。同时掌握人体工程学中最主要的尺度要求，理解心理因素和视觉因素所产生的影响。

章节重点

尺度要求、心理因素和视觉因素。

4.1 展示设计与人体工程学

在展示设计中，人体工程学的各种尺度是确定各种空间设计和展具设计的基础依据。运用人体工程学的知识对尺度空间进行控制，可以使光照、色彩等效果更好地适应人的视觉，同时也能产生特定的心理效果。

4.1.1 人体工程学

人体工程学（Human Engineering），也称人机工程学或工效学（Ergonomics），是探讨人们劳动、工作效果、效能规律性的一门学科。

20世纪初期，人体工程学才刚刚兴起，它以生理学和心理学为基础，结合了各类相关知识，研究人、物以及环境之间的协调性，其目的是为人类建立一个舒适、安全、和谐的工作与生存环境提供理论和方法。

在国际上，人体工程学被定义为“研究人在工作环境中的解剖学、生理学、心理学等诸方面的因素，研究人和环境之间如何达到最优化的问题”。实际上这其中包括了空间问题、尺度问题、外观问题以及安全问题等，这些问题用于确立和保障展示设计中的环境和设备对参观者的影响。

4.1.2 人体工程学在展示设计中的应用

尽管人体工程学是一门新兴的学科，但是现代展示设计已经离不开人体工程学的应用了。人体工程学确保了展示设计向更为科学、合理与人性化的方向发展。

在展示环境中，人的行为包括走、立、观看、蹲、跳跃、拿取等基本动作，所以人体工程学的相关设计也应该以人的身体和活动范围作为基础依据。

人的各种身体形式，如身高、座高、身宽和活动尺度等，与展示空间规划和通道计划的尺度基准有着极大的关联关系。

4.2 尺度要求

由于展示的空间尺度、展品尺度等都要以人体的身高体型为标准进行组织、设计和陈列，因此，人的身高体型也与空间尺度联系到了一起，并且不同的文化具有不同的空间尺度模式，这也使空间环境中的尺度具有了文化内涵和人性色彩。（见图1）

在设计过程中，需要引入一个“标准的尺寸”，使其与其他空间或物体产生比较。这个“标准的尺寸”也要符合与人的关系，如超市中的货架如果超过人举手的高度，人就不能在正常条件下接触到商品。即使有再好的构图和视觉效果，它也失去了本身的意义，并使人在购物过程中感到压抑和不舒适。（见图2~图3）

图1 日常生活标准尺度
图2 常见人体高度
图3 常见视线角度

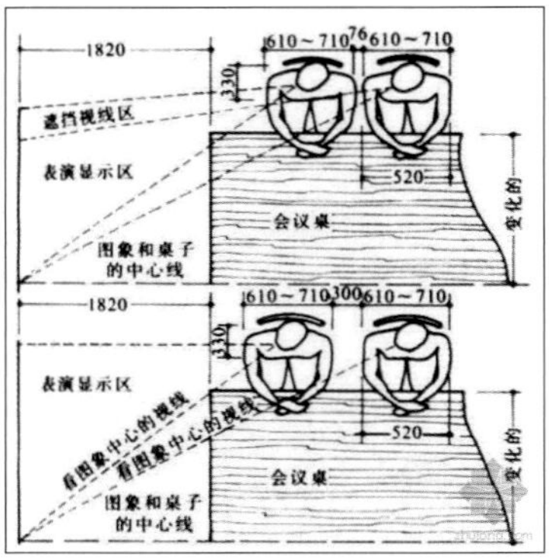

图3

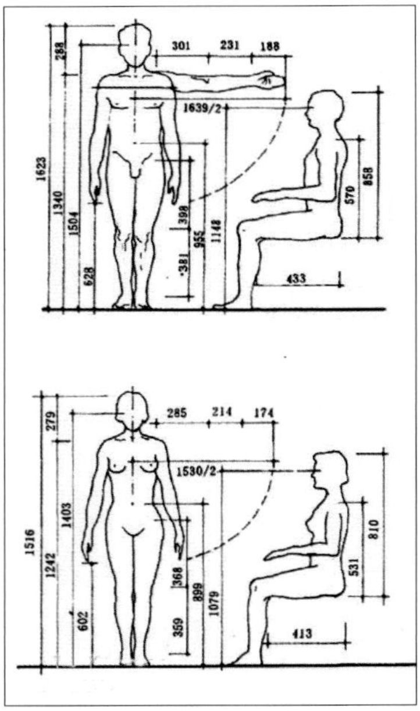

图2

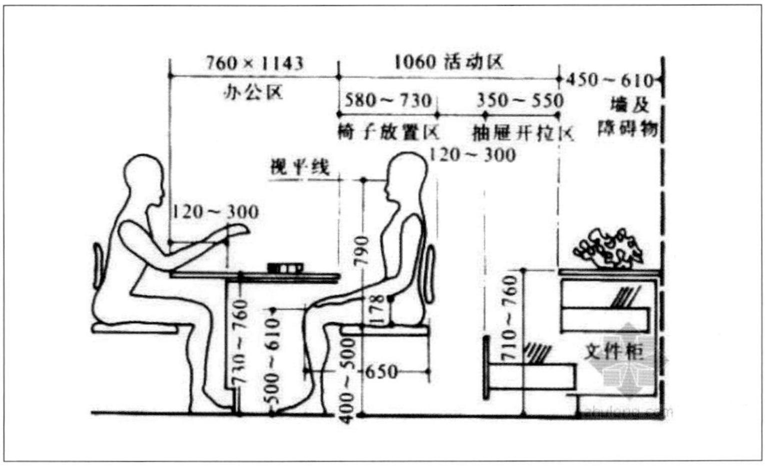

图1

4.2.1 空间与尺度

尺度的含义就是空间界面本身构造的空间大小。作为尺寸的定制，人们对空间的感觉来自于形成空间的各个尺寸度量的界面，材料本身也起到举足轻重的尺寸度量的角色。

当空间的格局和材料应用到展场中时，面积大小、长宽比例、线型粗细等因素都是空间与尺度的具体表现，而这些尺度比例的最理想关系是展场中必须具有的，也是设计师的主要设计任务。（见图4）

通常情况下，人们都是按照自己习惯和熟悉的尺寸关系衡量建筑的大小，于是就有了常规尺度和非常规尺度之分，以及绝对尺度和相对尺度之分。正因为有了这些尺度，才能产生完全不同的空间艺术效果。

总之，空间环境的尺度比例并非只是单纯的尺寸问题，而是一个综合过程。展示设计的任何一个流程都会影响到整个构成空间的尺度感。

4.2.2 人体静态与动态尺寸测量

既然人体工程学和尺度要求都需要以人为中心进行规划设计，那么对人体尺度的测量就显得尤为重要。下面来介绍对人体尺度的衡量方式。通过对人的生理和心理两个方面可以进行静态尺寸测量和动态尺寸测量。

（1）静态尺寸

静态尺寸是指人体处于相对静止的状态下所测得的尺寸，如坐高、臂长、跪姿等基本尺寸特征。

（2）动态尺寸

动态尺寸又称机能尺寸，主要测量人体在执行各种动作或进行各种体能动作中的各个部位值，以及动作幅度所占空间的尺寸。如弯腰取物时需要的空间范围、手臂的运动范围及能达到的距离。（见图5）

在测量过程中，既要符合人在展示设计中的正常活动，同时人体尺度具体数据的选用，也应考虑在不同空间与围护的状态下，人们的动作和活动。所以应该以大多数人作为参考尺寸，并以活动的安全性为首要条件。

正确掌握尺度标准，人体工程学才能最有效、最合理地满足信息传达、交流沟通等不同层面的需求，同时最大限度地减轻人的生理、视觉与心理疲劳度。（见图6）

图4 人的动作
图5 人体的活动区域
图6 符合视野习惯的博物馆

图6

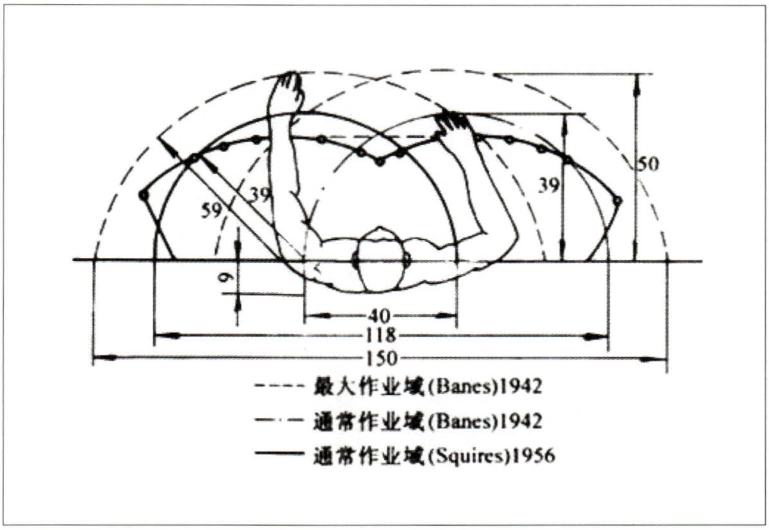

图4

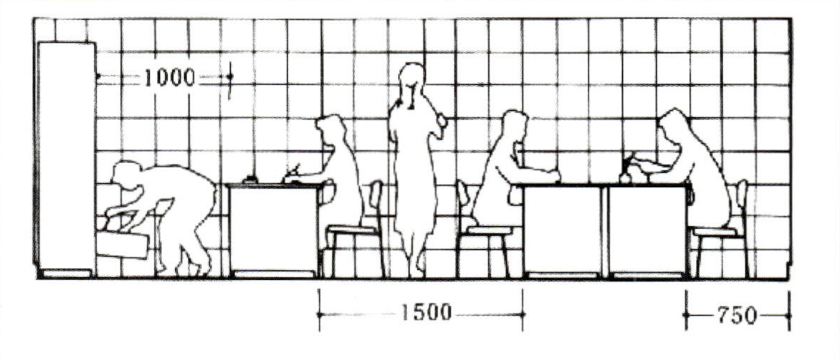

图5

4.2.3 展示设计中的基本尺度

展示空间的平面尺度和垂直陈列高度是展示空间基本的尺度要素。其中平面尺度是指空间的分割与组织、展品陈列与人行通道等要素与展厅总面积空间的百分比，又称陈列密度。应结合具体的展示性质、功能，并综合考虑参展者人流量等因素来控制陈列密度，通常保持在30%~60%之间。（见图7）

高度尺度主要和参展者的视角、身高有关，并由此产生不同的功能区域。地面以上80厘米~250厘米为最佳陈列视域范围，按平均身高170厘米计算，视高约为155厘米，上下浮动20厘米的范围被视为黄金区域。

地面80厘米以下的区域可作为大型展品的陈列区，250厘米以上的空间则可陈列大型的平面展品，如壁挂、大型喷绘画等。

4.3 心理因素

展示的基本目的就是为了吸引人们的眼球，其功效的生成与人的心理要素息息相关。人们在认知客观事物的过程中，总会伴随着高兴、喜爱、恐惧、厌恶等不同的情感，从而产生意愿、欲望与认同等不同的心理定势特征，因此，认识和研究其规律对提升展示的效用十分有用。（见图8）

4.3.1 环境行为心理学

环境行为心理学是从人体工程学发展而来，如今它已成为社会心理学的一个应用研究领域。（见图9）

环境心理学是研究环境与人的心理和行为关系的一个应用社会心理学学科。这里所说的环境虽然包括社会环境，但在展示设计中主要是指物理环境，如建筑设计、空间风格、噪音、展示设施互动、空气质量、温度、个人空间等等。

在展示设计特别是室内展示中，由于其本身具有一定的秩序、模式和结构，可以认为环境是一系列有关的多种元素和人的关系的综合。人们可以使外界事物产生变化，而这些变化了的事物反过来又会对行为主体的人产生影响。环境心理学非常重视生活于人工环境中的人们的心理倾向，它将选择环境与创建环境相结合，着重研究下列问题。

- 环境和行为的关系
- 怎样进行环境的认知
- 环境和空间的利用
- 怎样感知和评价环境
- 在已有环境中人的行为和感觉

图7 中规中矩的艺术展
图8 注重尺度的家具展
图9 符合环境行为心理学的餐吧

图7

图8

图9

环境心理学在展示设计中的应用极广，主要包括以下几点。

（1）环境与行为模式和心理特征

在展示设计中，展示的目的与人的行为模式是一致的。如商场中，游客将产生浏览、购物、休闲、信息、服务等行为，展示设计的初衷也就是为了引发人们这些行为的欲望并实现这些行为。（见图10）

（2）心理行为模式的提示

在展场中，接受初始刺激的是感觉器官，评价环境或做出相应行为反应判断的是大脑，因此，“可以说对环境的认知是由感觉器官和大脑一起进行的”。展示设计师应将使用功能、人体尺度等作为设计依据，对组织空间、尺度范围以及形状、光照和色调等进行更为深刻的提示。（见图11）

（3）针对参展者的个性

展示设计总是有针对性的，如游乐园总是针对寻找欢乐的游客，家具展厅则主要针对有意向购买家具的顾客。环境心理学从总体上既肯定人们对外界环境的认知有相同或类似的反应，同时也十分重视使用者的个性对环境设计提出的要求，充分理解使用者的行为、个性。在塑造环境时也应予以充分尊重，但也可以适当地动用环境对人的行为的“引导”以及对个性的影响，甚至在一定程度上的“制约”，在设计中应辩证地掌握合理的分寸。（见图12）

4.3.2 情感倾向

情感倾向是一种心理体验，是人对客观事物的感知反应，是由人的生活经验所诱导的心理思维方式，情感的倾向还取决于人内心的价值观念。

展示设计中的设计形象应该具有极强的感染力，以诱发人们的情感反应，从而提升展示传达的时效。

诱发情感的因素非常复杂，展厅的任何视觉效果、音响效果以及空间结构、色彩应用都能产生不同的情感效应。如较小的空间会使人感到压抑、沉郁，图书馆则让人感到肃静和庄严。

综上所述，在展示设计中应采用全新的思维方式，综合考虑和制定展示的方案和计划。

4.4 视觉因素

除了展示设计带给人的心理因素外，视觉因素的应用是更为重要的人体工程学范畴。（见图13）

展品的集合形成多种视觉因素，这些因素在不同程度上对视觉产生影响。人类观察事物的方式具有一定的共性，这些共性的特点是人体工程学对视觉规律应用的基本出发点。

图10

图11

图12

图13

图10 售卖精品的展场
图11 使人产生心理行为的教堂
图12 喜欢追求刺激的游客
图13 教堂内华丽的视觉效果

4.4.1 人的视觉特征

人类的视觉系统有三种视锥细胞，用于观察缤纷的世界，其中视野、明度适应、错视等视觉特征最容易通过人体工程学应用到展示设计中。

（1）视野

当人类向正前方注视一个物体或区域时，在不转动眼球的情况下，除了能看见正前物体外，物体周围的景象也能看见。当我们的侧面有物体时，并不需要特意的转头，即使用眼角余光也能感知到空间范围，这种范围被称为视野。

不同波长的光线会使人产生不同的视觉感受，人眼识别不同颜色的机能称为色觉。白色视野最大，其次为黄色、蓝色和绿色。色觉视野与被视对象的颜色和背景衬色的对比有关。

一般情况下，视野在人眼视角1.5°左右（水平或垂直方向）时，其分辨能力最强。（见图14）

（2）视觉适应效果

在展示活动过程中，人的视觉适应效果非常重要，人眼对环境的适应特征主要表现在距离、明暗和色彩三个方面。

1）距离

基于视觉生理机制中具有调整远近距离的功能，人眼能够识别一定区域内的形体和色彩。

眼睛构造中的晶状体相当于照相机中的透镜，可以起到调节焦距的作用。由于晶状体能够自动改变厚度，因此能将映像准确地投射到视网膜上。人的眼睛通过改变晶状体形状来调节焦距，从而可以观察到远处和近处的事物。（见图15）

2）明暗

明暗适应是日常生活中常有的视觉状态，如在夜间突然熄灯后，人们会觉得眼前一片漆黑，稍后才能通过环境光线的照明看到室内物体的轮廓，这是视觉的暗适应，反之为明适应。

视觉的明暗适应能力在时间上是有较大差别的。通常，暗适应的过程需要数分钟，而明适应只需要数秒。在眼中，类似于照相机光圈的虹膜起着调节进入眼球光量的作用，从而使眼睛适应外部光线变化。光线弱时瞳孔扩大，光线强时瞳孔缩小，所以在不超过人眼所能承受的任何光亮度下，眼睛都能较容易地分形辨色。

图14 以量的方式吸引眼球
图15 距离和视觉效果的关系
图16 素描中的明暗基本表现
图17 视觉明暗适应原理图示

图14

图16

图15

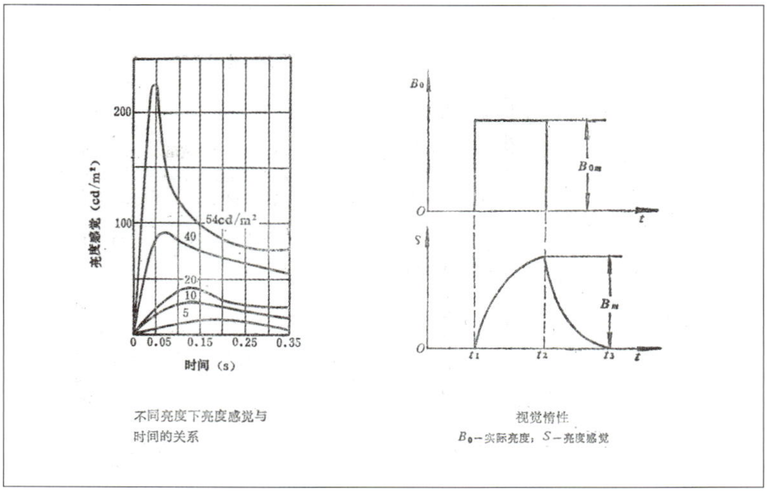

图17

3）色彩

当人带上有色眼镜时，开始一段时间会感受到镜片的颜色，稍后镜片上的颜色才会从视觉上消失。在白炽灯的黄色光线下，人眼只能在刚开灯后不久的时间里感受到光的颜色，时间一久这种黄色即自然消失。（见图18）

这种人眼在环境颜色刺激作用下造成的颜色视觉变化，是视觉对颜色光的适应所致，被称为“色彩适应”。

（3）错视

错视，又称视错觉（Optical Illusion），意为视觉上的错觉，属于生理上的错觉。错觉包括由外界引起的几何物理错觉、由知觉引起的心理错觉及由感觉器官引发的错觉。其中几何物理错视种类较多。（见图19）

错觉主要来自人体的视觉适应现象，人的感觉器官在接受过久的刺激后会钝化，也就造成了补色及残像的生理错视。

白光是由不同波长的色光组成的。任何两种色光加在一起可成为白光者，这两色就互为补色。

而视网膜上的细胞受某种色光刺激后，会对该色产生疲劳。所以在视线离开该色后，该部分细胞暂时无法作用，而未受刺激的另一部分细胞开始活动，因而产生另一种视感，也就是补色的残像。

在展示设计中，为了产生特殊或更好的效果可以利用错视原理，比如一些吊顶的处理往往并不是平的，在弯曲度不是很多的情况下，可以通过处理四条边附近的平直角，造成视觉上的整体平整度。

图18

4.4.2 视觉是如何运动的

视觉能对客观事物进行直接反应，人在应用视觉时，总是习惯于以下两点。

（1）视觉运动习惯

在展示中，人总习惯先看左侧的事物再看右侧的事物，习惯先看上方再看下方，所以在展示内容的次序排列上，应适应人的视觉运动习惯，平面布局次序则通常按顺时针方向组织。（见图20~图21）

（2）视觉横向运动

在人的视觉系统中，视线的水平方向运动比垂直方向快，因此按上下排列的次序参观比按左右排列的次序参观更容易疲劳。当然，人的两眼运行方向和速度是一致的，只是眼睛对所视物的直线轮廓比曲线轮廓更容易接受。

图18 缤纷的色彩

图19 错视图

图20 人眼的观察范围

图21 人眼的观察距离

图19

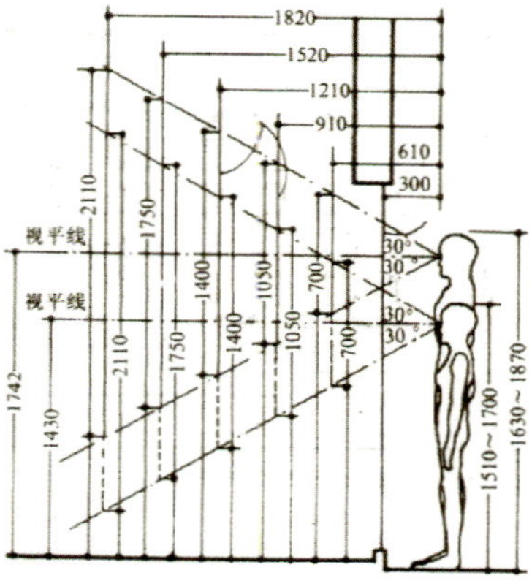

图21

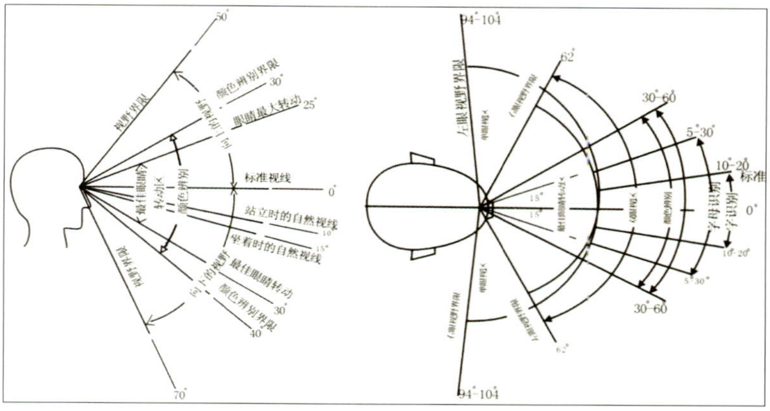

图20

教学实例 项目名称：人体工程学的应用

1. 博物馆设计中的人体工学设计细节

本章主要针对展示设计中的人体工程学的应用进行了详细介绍，包括展示设计与人体工程学的关系、尺度的要求以及人体工程学中的心理因素和视觉因素，重点介绍了人体工程学的尺度应用和各种人的因素。下面介绍一些能表现出典型人体工程学应用的展示空间。

右侧是某博物馆的设计方案套图，从设计图纸中可观察到博物馆大厅正门的招牌设计方案。图中标出了招牌与博物馆大厅的位置关系，以人体工程学为基础，以人体高度确定招牌的高度，可以使与正门有一定距离的人都能够浏览到招牌的信息。（见图22）

右图为博物馆的大型立式招牌，在图中标明了招牌与建筑的位置关系，更说明了招牌内容的组成元素以及作用。大型招牌为静态展示，其尺寸固定不变，而且具体的组成元素完全符合人体工程学的应用。与大厅招牌一样，以人体高度以及招牌组成内容作为参照标准，在不同观察距离应用不同的招牌内容，使参观者接收到的信息更有针对性，也更有效率。（见图23）

右图为博物馆内部的指示标牌设计方案图纸，在图纸中标出了指示标牌的基本尺寸，同时也画出了安装的高度，还对安装结构也进行了说明。

从图中可以看出，指示标牌的大小和高度都是参照人体工程学而确定的，标牌宽约30厘米，长约80厘米，以确保内容在一定范围内能够辨识清楚。安装高度约2.8米，使人在博物馆内能够很容易地找到指示标牌。（见图24）

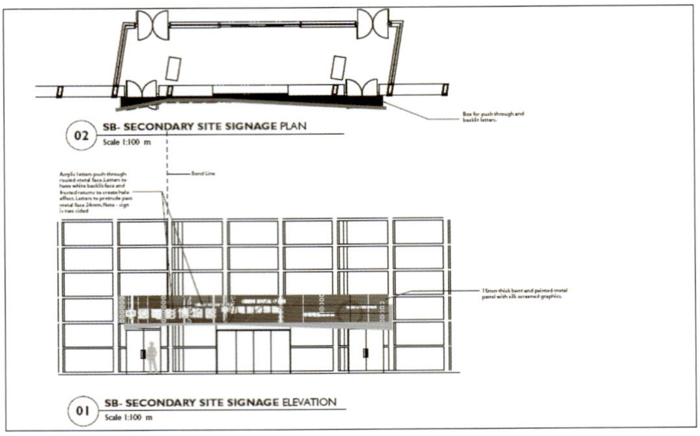

图22

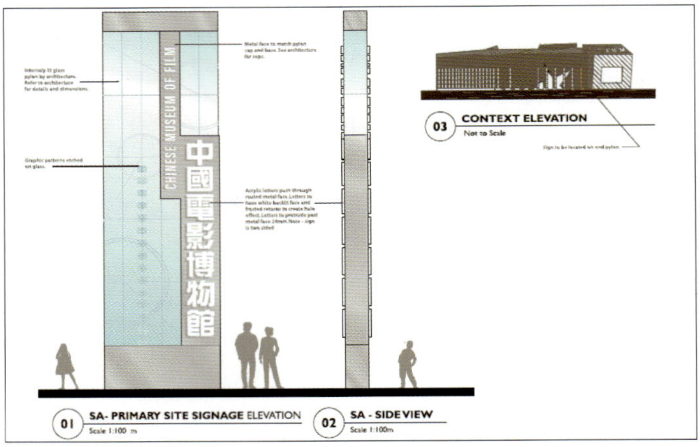

图23

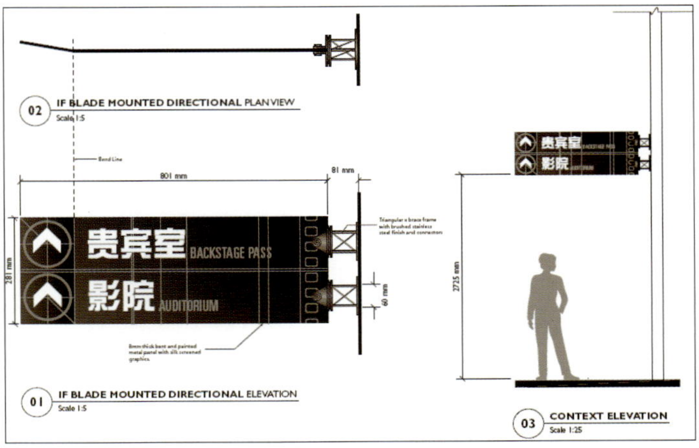

图24

右图为主要辅助功能空间的指示标识设计方案图纸。在图中展现了标识的大小和安装高度，长约2米，宽约1米的标识大小能使人在博物馆内清晰地看到指示展厅的去向路线，同时约3米的安装高度，可以使参展者从远处毫不费力地浏览到该标识，并且在通过该标识的下方时，即使是身高2米的人也不用担心发生触碰事件。

承载指示标识的安装架被设计为活动式的，可以将标识吊牌呈一定的倾斜角度悬挂。在电影博物馆中灯光的特效偏多，在不同的灯光特效应用效果下，可以适当调整吊牌角度，避免产生反光效果，防止出现参观者无法辨识吊牌内容的情况。（见图25）

右图为博物馆次要辅助空间的标识吊牌设计方案图纸，主要包括卫生间和电话亭。在该方案中，根据辅助空间的作用制作标识图示，由于空间作用为次要辅助，所以大小尺寸要小于主要辅助空间的标识。如果采用大小一致的方案，会使空间中的标识没有主次，显得凌乱。同时安装高度被降低至约2米的位置，这样就使主要标识和辅助标识存在于不同的空间层面，自动进行分类，而且不超过人体工程学的要求范围。（见图26）

右图为博物馆的导示牌设计方案图纸。根据设计方案图可了解到导示牌的基本尺寸、悬挂（安装）高度以及内容等。导示牌宽约2.2米，高约1.9米，给人以合理的阅读空间，使参观者驻立在导示牌面前能够进行完整的阅读或浏览。导示牌的安装高度限制为导示牌最下方离地约0.5米左右的高度，以方便阅读，避免安装过高或过低造成参观者阅读需要过度的抬头或低头。（见图27）

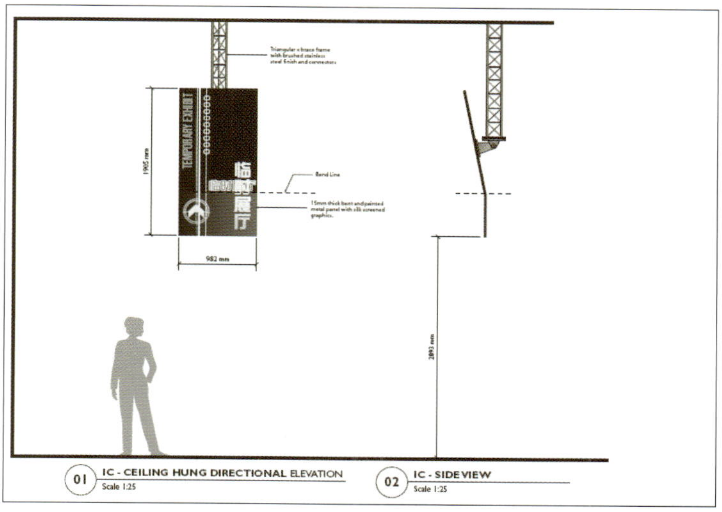

图25

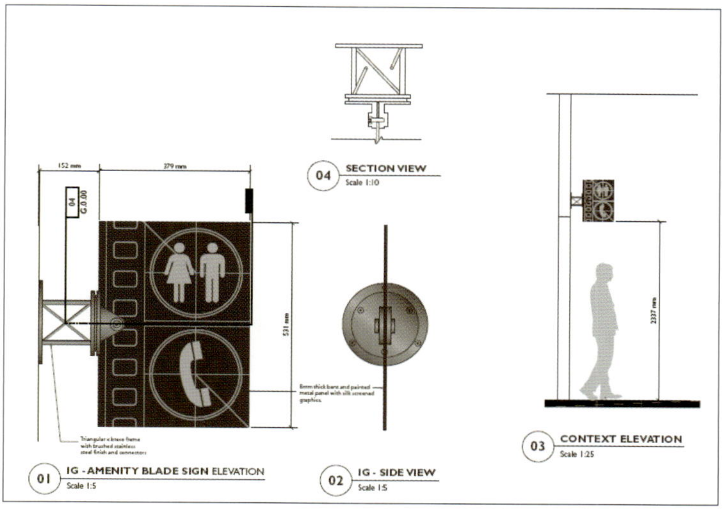

图26

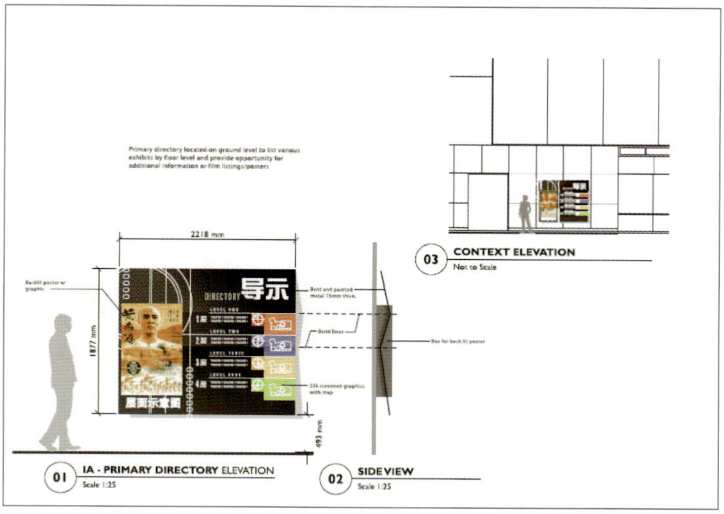

图27

2. 样品室设计中的人体工学设计细节

右图为某展示空间中样品室的局部设计详图，在图中主要标出了金属衣挂和货架的具体设计制作尺寸，甚至包括角钢和角铁的尺寸和应用要求，如要求衣挂接口勾挂布卷、要求角钢的全部结构使用螺栓连接等。

这些尺寸都是根据人体工程学的应用计算而来，如衣挂高度约为1.8米，这符合大多数人的身高，顾客可以方便地拿取衣挂内的衣物。衣挂分为四层，最中间两层的高度为40厘米，上层和底层的高度为50厘米，虽然只有10厘米差距，但从人体工程学的角度来判断，这10厘米的距离足以使人感受到更多的便捷。（见图28）

右图为该展示空间中样品室的立面尺寸图，该图纸清晰地标明了各种部件的安装位置以及具体大小尺寸，包括喷沙玻璃门、金属衣挂、防火板贴面、顶灯、吊顶、货柜以及复合木地板贴面等。

在立面图中，金属衣挂与展柜相隔排列，金属衣挂可悬挂最新的衣服，展柜则用于陈列与衣服相关的饰品，如腰带等。目的在于使最终成品在应用中能让顾客方便地浏览和挂取展品。在下方是统一的存储柜，从尺寸的角度来看，整个立面作为一个整体，能够更好地达到展示目的。（见图29）

右图为样品室的三维效果图，在效果图中可观察到设计师将平面的设计图纸变成三维空间。在空间中，与上图相对应的金属衣挂、展柜以及存储柜等展具与设计图纸完全吻合，并能体现出具体应用效果，如靠墙货柜的大小和高矮、金属挂钩的长短和空间位置等，同时还能观察到空间中的其他结构和物件，如背景墙等。在空间中安放了桌椅，使顾客或工作人员可以坐下来交谈或工作，使样品室的功能更人性化。（见图30）

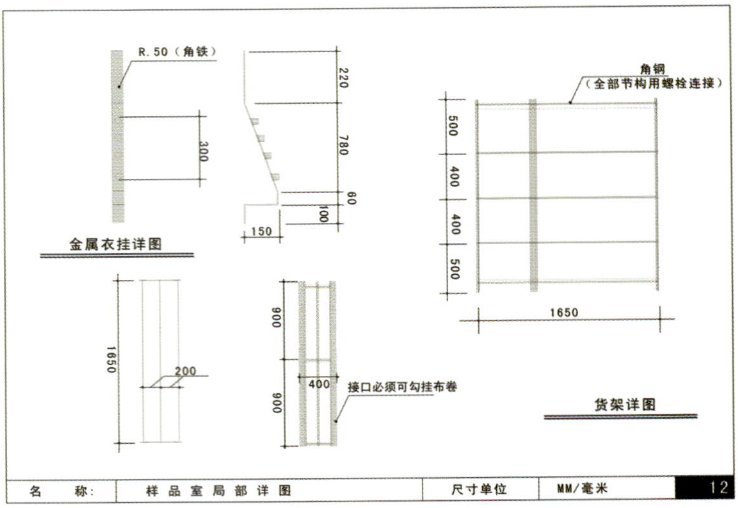

图28

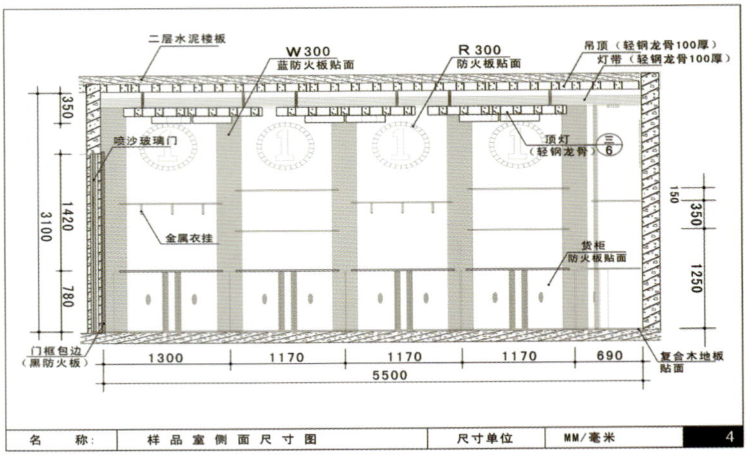

图29

图30

设计点评

通过本章的学习，读者对展示空间中人体工程学的应用已有一定的了解，下面对一些相关的设计进行点评。

图31点评

该设计为画展艺术展厅，在该艺术厅中使用了通道式的陈列方法，画卷以及其他相关的艺术品通过悬挂或在专门的展台上进行展出。悬挂位置和展台的高度都符合人体工程学的基本尺度，但在顶上粘贴了其他画卷，使参观者在欣赏时需要抬头，显得非常吃力，并且非常容易产生疲劳感。（见图31）

图31

图32点评

该设计为联合国主题议事大厅，主要用于各种小型会议的召开，同时作为新闻发布会现场。整个空间呈弧形，加上稳重的色彩和充足的照明，整体感觉十分大气。

大厅内主要包括照明顶、背景墙、徽标展示墙、软包、主席台和与会者席位等区域。每个区域都以严格遵循人体工程学原理为前提，安装和铺设各种建筑设备。如徽标展示墙是后期施工安装的，其外形融于弧形内，同时还留出了后台的出入口，方便主持会议人员的进出。（见图32）

图32

图33点评

该设计为巴塞尔2008博览会的休息中厅，在休息厅中设计师将休息座位设计为带靠背的环形状，使参观者可以坐在其中一组休息椅上讨论。同时每一组都分正面和背面，这样将提供更多的座位，从而促进了参观者之间的交流。座位的设计使用了皮质材料，高度较低，使人坐靠上去时感觉到舒适、放松，充分运用了人体工程学的原理。（见图33）

图33

图34点评

该设计为某商场的儿童托管区域，在该区域中安放了长排软椅，使儿童在里面可以在一起嬉戏玩耍。同时备有桌椅、柜子和各种卡通造型的易拉宝，使整个空间充满了童趣。各种家具和玩具都符合儿童的身高尺寸，使儿童更容易融入该区域的游戏气氛。惟一不足就是该区域没有相应的游戏主题，不过这并不影响儿童的游玩兴趣，在有足够伙伴的情况下，儿童会玩得更加尽兴。（见图34）

图34

图35点评

该设计为某品牌灯具的展厅，在该展厅中主要展出了各种家居灯具，如台灯、地灯、壁灯等。在该展厅中设计师严格地掌控了光线的分布和照明效果，使光线不会对参观者造成不良反应，如晕眩、刺眼等。灯具的摆放位置都低于或高于人眼的平行视觉，如台灯和地灯，摆放高度都适当低于人的平行视觉，同时加上灯罩的强光遮挡作用，参观者可以非常自然、清楚地欣赏这些灯具。但展厅使用了大量的镜子，虽然在某种程度上加强了空间的亮度和空间的幅度，但容易使人感觉到混淆，在不注意的情况下更是容易损坏展出灯具。（见图35）

图35

图36点评

该设计为某大型电影院前厅，该前厅主要提供预览、导航作用，通过导航栏、电影宣传看板等实现。前厅整个空间看起来宽阔宏伟，除了必要的支撑柱外，没有多余的建筑结构，有非常好的流通性。观众可以在大厅中漫游浏览，阅读电影宣传看板，了解不同的电影播放信息，也可以通过悬挂的导航栏快速查找放映厅。柱子的底部是绿化带，摆放了小型花栽，不仅有效地点缀了环境，同时又没有占用专门的空间。

但看板的方向朝向大厅内部，使游客在进入大厅后还要转行才能浏览展板内容，显得比较不方便。（见图36）

图36

图37点评

右侧为音乐大厅的照片，从照片中可观察到整个音乐大厅呈锥形，目的是为了让声学更符合人体工程学原理，使在座的观众都能听到最完美的演奏效果。

大厅主要分为三个区域，包括演奏舞台、前排区域和后排区域。设计师在每个区域之间都预留了一条足够宽的过道，保证人流的正常通行。同时在地面铺上高档的木地板，在墙面上设计竖条，用于对音效保真。

空间中的照明非常简单，在顶部中间由灯光组成一条光带，使光线能够均匀地分布到场景中的每个角落。（见图37）

图37

图38点评

右图为某大型图书馆效果图，可以看到图书馆内部属于多层结构，而每一个楼层又分为上下两个部分，从而建立出一个小楼层。根据书籍类型在上部分和下部分中摆放不同的书，如在下层主要摆放普及类和热点书籍，阅读者可以在就近的书桌进行阅读。在上层则摆放同类书中较为冷门的书籍，读者通过小楼梯来往于上下部分，这使每层放置的图书都能在不借助工具的前提下取到，同时还避免了在人多的情况下，浏览和选择时需要排队的可能。（见图38）

图38

图39点评

该设计为某商场三楼的服饰卖场，该商场整个三楼楼层都被规划为服饰专卖。商场虽然允许各种专卖店拥有自己的装修风格，但只能在分配的区域内进行装饰并且不能影响通道。从图中可看出展厅内的通道基本上为十字型，这样可以使顾客自主选择浏览路线，这些通道的宽度完全符合人体工程学的应用。人们在通过通道时，并不会感到拥挤，同时更容易浏览每一家专卖店。另外，销售区域中双层衣架的高度也是按照人体工程学标准中的人体站高及拉手高度设计的，可以使顾客在取放商品时感到舒适不费力。（见图39）

图39

课后练习

1. 策划两个大型展场的过渡区域。该区域在室内，要宏伟、严肃，给人以震撼的感觉，并为其中一个展厅设计一个独具匠心的展厅入口。

创意思路

都是室内展厅，实际上是一个大型展厅的内嵌空间。可以根据场地的实际情况，将两个展厅之间的过渡区域设计得有高度区分。从具有大型玻璃幕墙和整体钢架结构的展厅出来后，给参观者一段缓冲的平坦区域，然后使用地面凹陷的手法制作另一个展厅入口，让参观者产生期待的感觉，有效缓解大型展览中容易产生的疲劳感。入口区域呈椭圆形，可以作为小型的休息区域，在椭圆形两端添加楼梯，使人的进出更加有序。（见图40）

图40

2. 策划一个大型卖场，在卖场中商品以摊位式陈列，按序列进行环形布置。

创意思路

选择一个宽阔的大型场地，如废弃工厂、展览楼层等均可，但要保证空间的单一性，没有复杂的空间结构，这样才使各个商家的展品排列不存在主次之分，参观者可以走马观花式地浏览卖场中每一个商家的展品。（见图41）

图41

3. 设计一个大型的雕塑展览会，雕塑展中可容纳上百名参展者同时参观，并能够展出各种中型和小型的雕塑展品。

创意思路

要设计一个大型的雕塑展，首先需要考虑各种中、小型展品的摆放怎样才能方便参观者的参观，还需要保证展品的安全性。最好将中型雕塑放置到橱窗里，并保持高度与人平均高度一致，小型雕塑则可以通过展台展示，展台之间需要留出足够的空间，保证参观者通行顺畅。（见图42）

图42

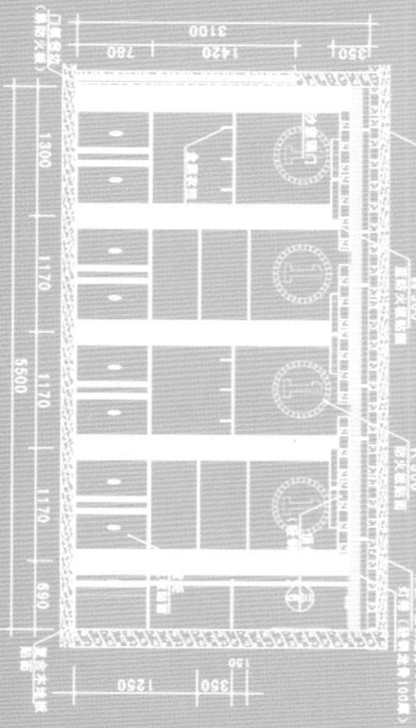

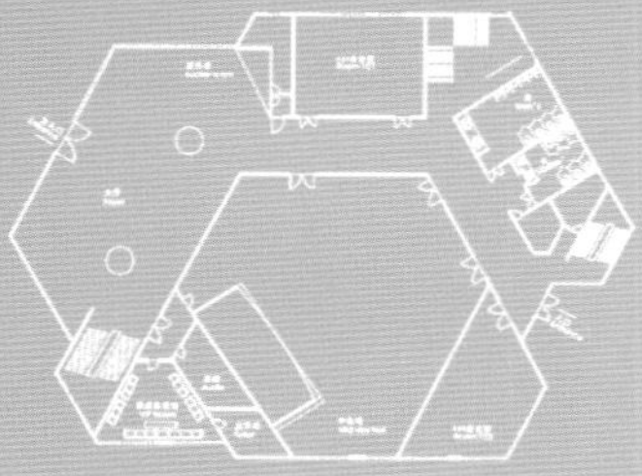

第5章
展具和橱窗设计

课题概述 ……………………………………………………………………

本章主要介绍了展示设计中的各种展具，包括展台、展柜、展架以及橱窗等，同时介绍了这些展具的基本特点和类型。

教学目标 ……………………………………………………………………

通过学习了解展具的常用尺寸、基本类型、使用的材料、结构方式以及设计原则等。

章节重点 ……………………………………………………………………

了解展具的尺寸、了解橱窗的设计。

5.1 展台

展台是各种展品、实物、模型以及沙盘的展示介质之一（见图1）。展台的设计和选用要从展品的特征出发，同时考虑展台的基本造型，使展台具有可组合、可拆装且耐用和可重复使用等特点。展台的造型则需要考虑到运输、包装、储存、尺寸及材料的使用等因素。

5.1.1 静态展台

静态展台通常都固定在展示场所中，以平实的方式展出展品，如常见的台座式、箱套式展台都属于静态展台。大型的静态展台除了用组合式的展架构成之外，还可以使用标准化的小展台组合而成；而小型展台多为简洁的几何形状，如各种柱体和长方体，常用尺寸有20cm×20cm×20cm、60cm×60cm×60cm、80cm×80cm×80cm等。（见图2）

5.1.2 动态展台

动态展台通常具有旋转、摇摆、升降功能，在静态的展示过程中追求一种动态的表现。动态展台的应用既要考虑到其造型上的视觉效果，又要同内部的隐蔽工程结合，需要根据具体展品设计制作。同样，使用标准化的拆装结构系统也可以组合成各种形式的展台。（见图3）

动态展台，和静态展台相结合，可以使展示变得更加生动。在特定的展示中，这些动态展台还可以作为与观众互动的媒介。

5.2 展柜

展柜主要用于协助产品的宣传和展示，是展示设计中常用的展具之一。在展示设计中也常利用展柜进行分隔和组织空间。展柜具有各种不同的结构和开启方式，如几何结构、异形结构、平开式、掀起式、推拉式等。但展柜按照其高矮尺寸可分为高柜和矮柜，按照样式结构可分为立柜式、桌柜式和布景箱三种类型。下面分别介绍这几种展柜。（见图4~图5）

图1 展示设计中的展台
图2 静态展台
图3 旋转展台
图4 展柜常见设计图纸
图5 推拉式展柜

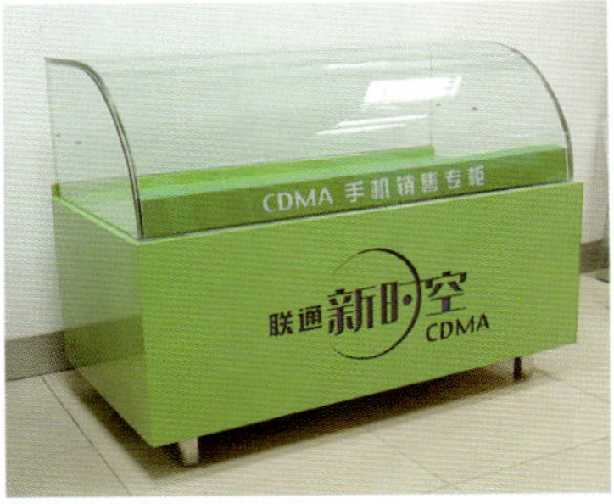

图2

图3

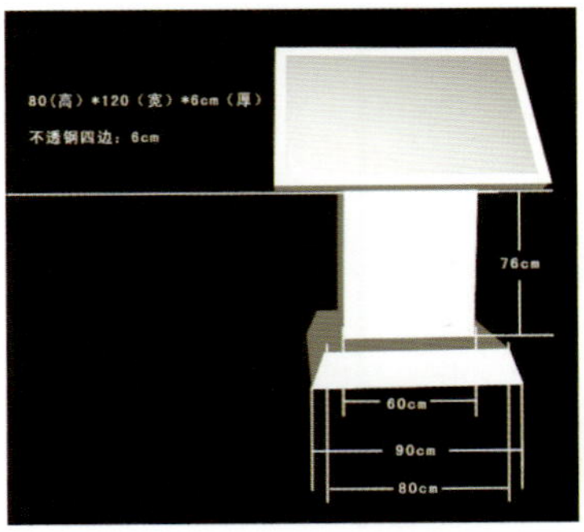

图4

图1

图5

5.2.1 高柜和矮柜

无论是哪种类型的展柜，通常都需要根据将要应用的高度确定展柜的摆放位置和设计方案。下面介绍高柜和矮柜的构造和尺寸。

（1）高柜

高柜通常将同一系列的多种展品分格纵向展示，主要靠墙放置或在展厅内独立放置。上部为柜膛，下部为柜腿或底座，长、宽、高的尺寸一般为70cm × 180cm × 200cm，底座或柜腿高于80cm。（见图6）

（2）矮柜

矮柜主要将同一品牌的各种展品进行横向展示，可以设计为单坡面、双坡面和平顶面三种。长、宽、高的尺寸通常为140cm × 70cm × 130cm、180cm × 130cm × 150cm。上部柜膛净高约25cm～40cm，下部柜腿或底座高约70cm～100cm。在设计中选择何种展柜形式完全取决于具体的展品和展示形式。（见图7）

5.2.2 立柜式

立柜式是最常见的展柜类型，通常多为高立柜和中心立柜，垂直和水平构件上有槽沟，可插玻璃。

如果是放置在展厅中央的中心立柜，则四周都需要装强化玻璃。如果是靠墙放置，一边可只装背板，部分高立柜的顶部还需要设置照明系统。（见图8）

5.2.3 桌柜式

桌柜通常有平面柜和斜面柜两种，斜面柜又有单斜面和双斜面之分，其中单斜面通常靠墙放置，双斜面则放置在展厅中央。（见图9）

桌柜根据不同的类型有多种常用高度，其中平面柜总高为105cm～120cm、斜面柜总高为140cm左右，柜长通常为120cm～140cm，进深为70cm～90cm，柜内净高20cm～40cm。

5.2.4 布景箱

布景箱是只供一个方向观看，类似橱窗的龛橱式大展柜，内部可以设置各种场景，展品将呈现在一个情景之中，使展示更加生动。（见图10）

布景箱一般高度为180cm～250cm，或者更高，深度在90cm～150cm以上，长度则根据实际需要定制。

大多数布景箱的背部和顶部两侧都设计成弧形，以造成空间深远的感觉。为保证布景的真实效果，建议大型布景箱的深度应为宽度的二分之一以上，在照明的设计上也应有所侧重，从而突出展品的效果。

图6 高柜
图7 矮柜
图8 立柜式展柜
图9 桌柜式展柜
图10 布景箱

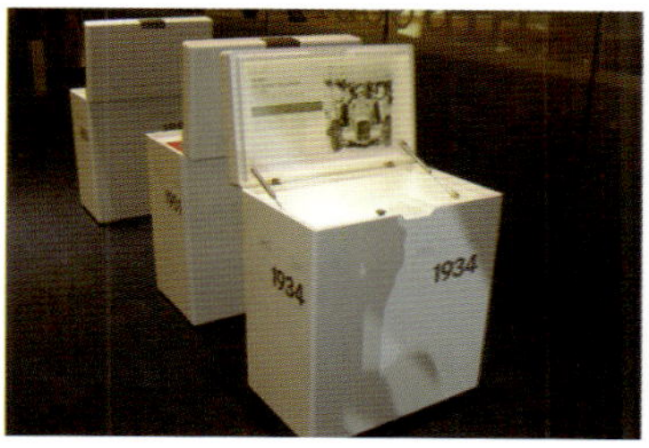

图6

图7

图8

图9

图10

5.3 展架

展架是展示空间中展墙、展板、展台、吊顶与屏风等展具的支撑结构器件，由展架管件、接插件、夹件常用金属、塑料及橡胶等材料制成。其配件有一定模具标准，可进行各种组合式连接，提供多种展陈形式的可能，同时还能形成丰富的空间。

5.3.1 展架的材料

展示设计发展到现代，已经进入到拆装式和伸缩式的时代，这样可以方便地搭成屏风、展墙、格架、摊位以及装饰性的吊顶等，而且还可以构成展台、展柜及各种立体空间造型。

在国际上，通常采用铝锰合金、锌基铝合金、不锈钢型材、工程塑料、玻璃钢等材质作为展架的各种零配件。总体上来讲，展架用料的选择一定要符合质轻、刚度强、拆装方便等条件，构件的公差配合要精度高，管件规格的变化要按一定模数进行。（见图11）

5.3.2 展架的结构方式

从结构和组合的方式上看，展架可分为四大类，包括由管件和联结件配合组成的拆装式、由网架与联结组成的拆装式、用联结件夹连展板的夹连系统以及可以卷曲或伸缩的整体折叠系统。（见图12）

从使用范围和用途来看，由管件和联结件相配合组成的多种拆装式的方式最为普及，而这种方式又称多种管件拆装体系。

（1）插接式

最初为简单的联结件，后来发展成为多向的接插头系统，其插头有一定的锥度或利用弹簧卡口紧固，比较常用的是3通系统，与管件、镶板配合可以搭成各种展台。（见图13）

（2）沟槽卡簧式

沟槽卡簧式的立柱原为四面槽，后改进为八面槽式，机动性更强。横向的铝扁件上下有槽可镶板或玻璃，两侧有沟槽可挂展品，铝扁件两侧有锁件，可用螺丝刀拆装。立柱和扁件均有不同的长度和规格，八棱柱、铝扁件和四分之一圆弧件可以组装成圆柱形的展台、空间和摊位。此系统还有带滑道的射灯与其配合，使用简易方便。（见图14）

（3）球节螺栓固定式

球节螺栓固定式系统的连接球有多个棱面，每个面上有一个螺眼。管件的两端有套筒和可以移动的螺栓，螺栓旋入球节上的螺眼中固定。使用这种系统可以组成各种形态的展架，进而形成有变化的造型和空间。（见图15）

图11 展架的设计图纸
图12 展架的结构图示
图13 插接式展架
图14 沟槽卡簧式展架
图15 球节螺栓固定式展架结构

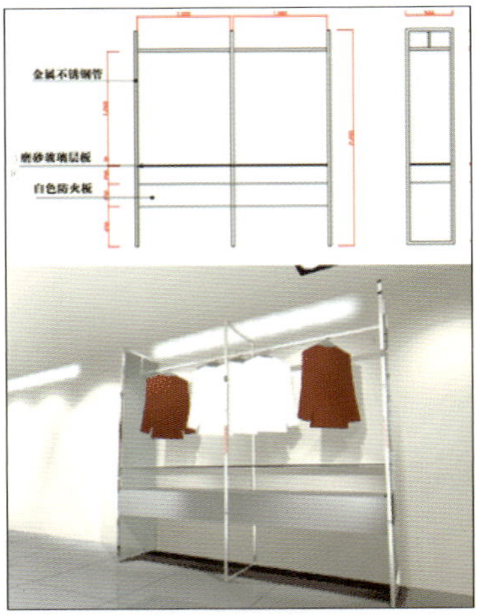

图11

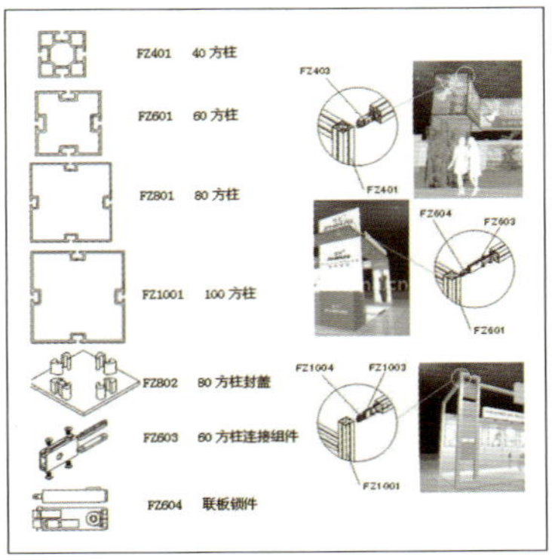

图12

图13

图14

图15

5.4 橱窗

橱窗可以看作是一个功能空间，它在展示设计中起到了举足重轻的作用。通过橱窗可以达到直观展示的效果，比通过媒体宣传更具说服力和真实感。（见图16）

5.4.1 橱窗的分类和作用

橱窗在设计上可以从位置和装修形式上进行分类，从位置分布上划分有店头橱窗和店内橱窗等。从装修形式上讲，有通透式橱窗、半通透式橱窗以及封闭式橱窗。每个橱窗都有一些基本的构成元素，如道具、背景、灯光等，设计师可以根据不同的需要，选择主要的元素进行组合。（见图17）

橱窗的作用已超越其他展具，不仅只用于置放展品，还承担着传播品牌文化的作用。

无论橱窗以何种形式陈设，都不仅是简单地激发路人或顾客的进店购买欲望，同时能够宣传品牌效果的。即使是非品牌的橱窗，也能起到营造氛围的作用。

在实际应用过程中，橱窗的设计风格需要参考品牌的理念，在直接表现产品的传播方式和展现品牌文化的方式之间进行权衡。

使用直接表现产品的传播方式时，除了在橱窗中陈列产品外，还可以放置一些带有促销信息的海报，追求立竿见影的效应。（见图18）

如果使用表现品牌文化的方式，展品表示将显得很含蓄，这种手法通常被各种高档奢侈品牌应用，比较适合针对注重产品风格和文化消费群的品牌，或在以提升传播品牌形象为目的时采用。

在宣传节日主题或商场进行促销活动时，橱窗则以其大幅的面积起到醒目的作用，可以通过在橱窗中陈列与节日相关的元素或直接陈列各种促销商品，使其本身就有足够吸引力的展示活动更能抓住路人眼球。（见图19）

图16 橱窗
图17 通透式橱窗
图18 直接表现产品的橱窗
图19 具有节日气氛的橱窗

图16

图17

图18

图19

5.4.2 橱窗的设计原则

橱窗作为展厅中的有机组成部分，并不是孤立的。在构思橱窗设计方案前要把它放在整个展示空间中去考虑，特别是参观者的行走路线、橱窗和展厅的关系、展示内容以及设计风格。

（1）顾客行走路线

虽然橱窗是静止的，但顾客群是行走和运动的。因此，橱窗的设计不仅要考虑顾客静止的观赏角度和最佳的视线高度，还要考虑橱窗由远及近的视觉效果，以及走过橱窗前的移步即景的效果。在橱窗的创意上，要做到与众不同。（见图20）

（2）橱窗和展厅形成一体

橱窗作为展厅的一部分，在布局上要和展厅整体陈列风格吻合，形成一个整体。特别是通透式的橱窗，不仅要考虑和整个卖场的风格协调，还要考虑和橱窗靠近的几组货架之间的色彩协调性。

（3）和营销活动相呼应

从某种角度解释，橱窗就像一部电影的预告片，向参观者告知卖场的商业动态，传递卖场的销售信息，因此橱窗传递的信息应该和卖场中的实际销售活动相呼应。

（4）主题鲜明，风格突出

橱窗的主题一定要鲜明，表现的内容不能太杂，要以最简洁的方式突出主题。（见图21）

5.4.3 橱窗表现形式

橱窗在展示空间中的应用形式多种多样，主要包括综合式、场景式、主题式和特定式。

（1）综合式

将许多不相关的商品综合陈列在一个橱窗内，以组成一个完整的橱窗广告。这种橱窗布置由于商品之间差异较大，在设计时一定要谨慎，否则就给人一种“大杂烩”的感觉。其中又可以分为横向橱窗布置、纵向橱窗布置、单元橱窗布置。

（2）场景式

场景式空间将再现某种生活场景或情节，充分展示展品在使用中的情景，显示其功能和外观上的特点，其展示场景容易引发参观者的联想和亲切感。（见图22）

（3）主题式

主题式是创造某种与展品有关的主题，通过主题的形式与内容，配合展品构成展出形式。

（4）特定式

指用不同的艺术形式和处理方法，在一个橱窗内集中介绍某一产品，例如，单一商品特定陈列和商品模型特定陈列等。（见图23）

图20 开放式橱窗
图21 主题鲜明的橱窗
图22 场景式橱窗
图23 特定式橱窗

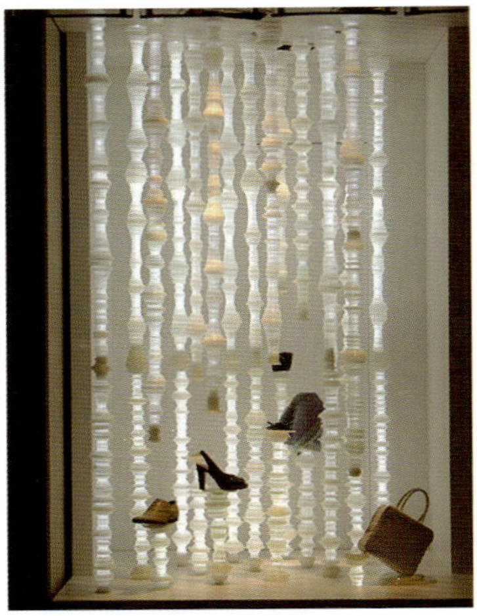

图21

图20

图22

图23

教学实例 项目名称：展具的应用

1. 企业展厅设计方案

本章主要对展示设计中的各种展具应用进行了详细介绍，包括展台、展柜、展架以及不同于前面方式的橱窗。从基本特点、应用方式、类型、材料结构、设计原则和表现形式上进行了深入讲解。下面介绍一些典型的展具应用。

本空间为大连实德集团的企业展厅基本设计方案，在方案中体现了展厅的空间功能规划。从空间的功能应用上看，在“各类型材展区”、“赛的隆展区”、“模型展示区”以及“足球俱乐部展区”中将应用各种展具，如展台、展柜等。（见图24）

右图为实德集团展厅的正门入口效果图，从图中可观察到，在入口处，接待台与接待台背后的宣传展板采用了与企业颜色——蓝色相一致的颜色，使展具整体风格也与展场相符合。

由于接待台的特殊位置，展板可能会由于过于单薄而飘摇不定，给人缺乏稳重的感觉，而这正是大型企业需要避讳的，所以使用球节螺栓固定式的展架来固定宣传展板，可以避免这一情况的发生。（见图25）

右图为实德集团展厅的另一个侧面效果图，从图中可以看到展厅内部的展具基本使用情况，包括左侧的展台、背面的展板以及右侧的展柜。左侧主要是展示企业赞助的足球俱乐部相关信息，背面的展板属于双面展板，在面向接待台的区域将展示模型的相关信息，在另一面则展示赛的隆产品的相关信息。这些展具都根据实际的展品不同，而使用了不同的材料和制作不同的类型，如展示足球俱乐部文化的展柜就使用了多侧开式的玻璃展柜。（见图26）

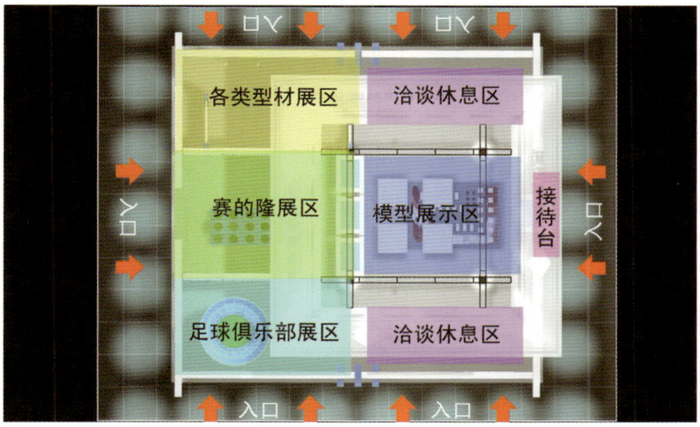

图24

图25

图26

图27为实德集团展厅的俯瞰效果图，从效果图中可以观察到整个空间功能设计的实体化效果。特别是各种展具的摆放位置和应用效果，如最近处的展台采用了静态展台，“模型展示区”使用了80cm×80cm×80cm规格的展台，并阵列排列，展台预留足够的间隔，使参观者能够纵横通过展示区域，最大化地从多个角度展示相关模型。

从效果图中还可以观察到整个展场的外墙实际上也起到了展示作用，可以将其看作是一组大型展板。其外墙也采用较为轻便的材料制作，以便于搭建，同时节约成本，但一定要注意固定牢固，避免发生意外事故。（见图27）

图28为实德集团的侧面观察效果图，图中主要体现了实德集团生产的门的展示效果。在该展示区域，门的展出并没有专门制作展台或展柜，而是为门制作了“门框”，将“门框”作为一种异形的特殊展台，参观者近距离观察门并亲身体验门的开关效果，使门的外观和功能应用效果完整地展现给参展者。（见图28）

从图中可观察到展厅背面同样具有宽敞的出入通道，通道的出入口正对展厅内部各个主题的重点展示区域。在展厅背面的正中悬挂了液晶电视，用于滚动宣传企业文化和相关信息，并在出入口两侧使用更多的绿化装饰，以吸引在展厅背面经过的参观者。（见图29）

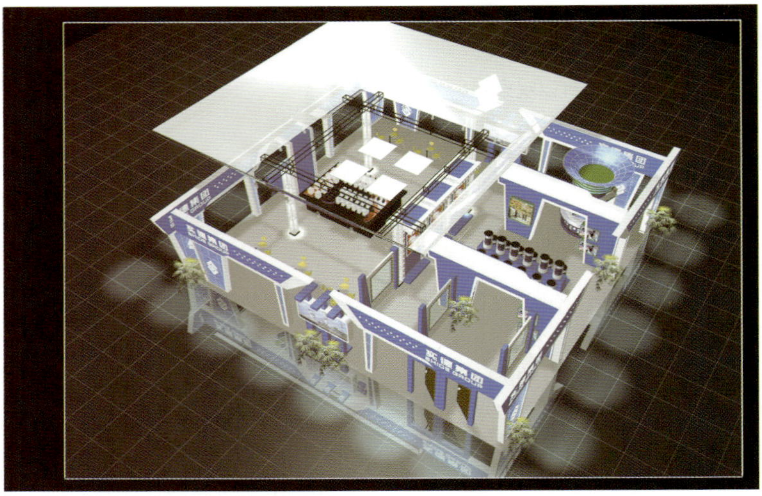

图27

图28

图29

2. 专卖店设计方案

图30为某专卖店设计方案的俯瞰效果图，在图中可以观察到专卖店中应用了不同外型的展台、展柜等多种展具，这样可以避免专卖店如果仅使用同种展具而造成的单一、简单效果，从而导致对顾客无法产生足够的吸引。

由于专卖店的空间结构简单，展具的安排应该井井有条并靠墙安放，使店内有足够宽阔的浏览空间。在展厅中心位置应该使用环形的座位，使顾客在店内可以坐下来试穿鞋类或等待朋友。在店里的最里端是收银台和背景墙，其设计风格也要和店内其他元素保持一致。（见图30）

图31为用较近镜头观察专卖店的效果图，在图中可以清楚地看到展柜、展台的外型和应用效果。

在店内的中心位置使用新的展台取代了环形座位，在展台上竖立了三个立式展柜，其独特地的造型很容易吸引顾客注意力，可以用于展出最新款的商品。

店内侧面则采用了不同外形的多个展柜，如高矮不一的产品陈列柜，长方形的装饰品陈列柜，使不同的展品可以分类展示，使展品具有主次之分。（见图31）

图32为专卖店的左侧面展示效果图，效果图中展示了专卖店左侧使用的展具。

在左侧墙面上与右侧墙面相对应的中心位置，使用了一样的长方形展柜，用于放置同一系列的不同类型展品，并尽量使其与左侧的其他展品相符合。

除了和右侧相对应的展柜外，设计师还使用了嵌入墙体的阵列展柜，使体积小但种类多的产品可以得到足够的展示幅面。（见图32）

图30

图31

图32

设计点评

通过本章的学习，读者对展示设计中的各种展具已有一定的了解，下面对一些相关设计进行点评，分析它们在展具和橱窗设计方面的得失。

图33点评

该设计为某运动品牌的专卖店，从店外可观察到该商店主要经营各种男、女式的运动服装。店内摆放了展示模特、展柜、展架等各种展示道具，充分表现出店内具有各种样式服装的信息，但由于展示内容过多，在有限的空间里稍显狭窄，会给店内顾客一种拥挤的感觉。（见图33）

图33

图34点评

该设计为某品牌运动鞋专卖店的后面展示，该店位于大型商场的内部，为了吸引顾客，店方将旋转展架作为招牌放置在店门口。这样可以有效地将店内的展示延伸到了店外，增加了商场内顾客进店选购的潜在意识，也能起到吸引顾客眼球的作用。

在店内，在墙面上设置了放置展品的木板，模糊建筑结构与展具的区域，通过一整面墙的运动鞋，造成强烈的视觉冲击效果。

无论是商店外的旋转展架还是店内的墙面展示，在带给人们琳琅满目的效果时却缺少推荐商品区域，展出商品没有主次之分，也会误导顾客以为门口展架上的产品是打折促销品。（见图34）

图34

图35点评

该设计为某小众时装专卖店的展示从图中可观察到该店主要出售年轻人的休闲类服装。

该店由于店面较小，所以没有设置橱窗，店内也没有展应用大型展柜。但小巧紧凑的空间充分地展示了各类商品。店面外墙为透明玻璃，顾客也可以一目了然地看到店内展架和展柜上放置的各种服饰，店门的设计为圆弧形，但并不防碍顾客的视线，反而更接近店内商品的风格。（见图35）

图35

图36点评

该设计为某大型赛马会的室内转播大厅，大厅风格大气、华丽，主要包括大型直播墙、席位、单独直播墙等。

大型直播墙采用整个墙壁作为展板，并悬挂足够多和足够大的液晶屏幕，将大厅分为多个区域，以保证大厅内每个角度都能满足顾客的浏览需求。同时通过高科技数字技术转播赛马现场，并滚动播出各种分析数据，使赛马爱好者能够更好地了解到比赛信息和相关的赛马运动信息。（见图36）

图36

图37点评

该设计为某主题展厅中正在搭建和完善的部分，该部分包括应用区、小型物件展示区域以及远处的咨询和交流区，其中小型物件展示区域基本已经完工。该区域以展架作为物品展具，共有四排。其嵌入在墙体内并具有一定的长度，这样可以使参观者一目了然地浏览到展架上的所有展品并驻足细看。该展架惟一不足之处就是没有安装任何保护措施，当过多参观者经过时展品很容易掉落或被盗，造成一定的经济损失。（见图37）

图37

图38点评

该设计为某商场中的精品饰品展示区域，该区域中包括多个展柜。从图中可以观察到单个展柜属于推拉方式的立柜式展柜，展柜底部应用约1米高的底座。但由于展出的饰品并不是量贩形式，所以未制作成存储柜而使用一个整体，同时顶部也作相同处理手法，并将顶部与建筑楼层的天花板相接。

在展柜内部，通过玻璃格将两展柜分为上下两层，各种精品饰品随意地摆放在展柜中，并使用统一的均匀照明方式，使每个展品都能展现在顾客眼中。（见图38）

图38

图39点评

该设计为某珠宝展中的设计方案手绘初稿，在手绘效果图中可以看到展厅中整齐地摆放多个展柜。由于珠宝展上一般不进行交易活动，所以展柜都以封闭的布景箱形式布置，每一款珠宝在展柜中都能以配以环境应用的形式展出，封闭式的钢化玻璃可以确保这些珠宝的安全性。

从展厅中可观察到所有展柜只有半人高，但展柜中却没有体现出灯光效果，这会在参观时为参观者造成不便。（见图39）

图39

图40点评

该设计为某品牌的儿童服饰专卖店，从图中可观察到该店的店面和店内大致情况。

店面正门是一块异形展板，展板采用充满童趣的字体和简单几何形状，用于吸引小顾客。店内主要应用了展架和展柜两种展具，这些展具尺寸基本一致，并且符合儿童的身高，能更好地达到展示货品的目的。在靠墙的两侧主要使用固定在墙上的展架并分层制作，在不同的层面上悬挂不同类型的衣物。面对门口的墙面则安放了各种展柜，主要用于放置一些衣物饰品，如皮带、帽袜等。（见图40）

图40

图41点评

该设计为另一个童装专卖店，该店面位于商场内部。从图中可以清楚地观察到橱窗的应用效果和店内应用的各种展具。

橱窗和店门的设计风格一致，主要应用了黑色色块和黄色样条。橱窗外部除了顶部的宣传展板外，使用了一面完整的玻璃作为外墙，橱窗内部则采用开放式，直接面对店内的顾客，达到了双面橱窗的效果。

店内摆放了各种展具和卖品，展具大小型号多种多样，大小展具适当地搭配摆放，从店外看上去给人一种品种多、商品精致的感觉。（见图41）

图41

图42~图43点评

右侧的图42和图43为某品牌卖场的服装橱窗和饰品橱窗。在图42中，使用简单的背景和模特，通过模型展示衣物的穿戴效果。在图43中，则是与前一个装修风格一致的包类橱窗，在橱窗内通过隐形的展架展出各种皮包。两个橱窗的装修风格统一、简洁，充分表现出了对品牌的重视，同时显得精巧，能说服消费者进店光顾，提升店铺的进店率。（见图42~图43）

图42

图43

图44点评

该设计为一品牌专卖店设立的儿童鞋区和女鞋区，从图中可观察到两个鞋区为相通的，并设立了两个店门。从门外可以完整地看到店内所有的鞋类。在店内鞋被放置在阵列的展架上，给顾客足够多的选择，同时在童鞋区的门口还放置了旋转展架，动态的展示形式更容易吸引儿童。在女鞋区域则采用静态的量贩形式展出各种促销商品，更能抓住大多数女性的购物心理。

该专卖店将童鞋和女鞋共用一个整体空间，节约了携带子女的母亲的选购时间，但另一方面也有可能在儿童鞋区用掉更多的时间。（见图44）

图44

图45点评

该设计为商场转角处的珠宝店，该店合理利用了转角处的优势，以更大的窗口面向顾客。顾客在行走路线转角时，很容易在展柜前逗留。由于商家是珠宝店，所以只能通过展柜对珠宝进行展示。但正是由于展柜中陈列的展品是价格高昂的珠宝，所以展柜要满足一定的安全性，需要昂贵的制作成本。（见图45）

图45

课后练习

1. 策划一个在商场内的珠宝卖场，设计方案中不仅要以安全性为前提制作展柜，还要根据针对的浏览顾客为展柜制定适当的高度和放置位置。

创意思路

由于珠宝展厅位于室内，可以适当将展厅制作成半开放式。在主厅设立一些立式展柜，展示一些稀有的、贵重的珠宝。由于展品主要针对成年人，因此展柜的高度应以成年人的身高为基准设立。（见图46）

图46

2. 策划一个军事博物馆展示空间，要求应用大量的大型展柜，以展示说明历史。

创意思路

由于是军事博馆，首先应了解展品的历史背景，根据历史背景和展品的具体属性确定展柜的大小。在专项展示的空间中，可建立专门的大型推拉式展柜，在展柜中悬挂兵器，使参观者可以从两个方向进行参观。如果是较为小型的展品，如衣物、历史时期的生活用品等，则可以使用单面展示的方式制作展柜，为保证同一展示空间类的统一，可将其与兵器展柜大小制作得一样，展柜内则可以分格展示同一类展品。（见图47）

图47

3. 策划一个科技技术交流展，要大量展示各种新科技技术的产品应用。

创意思路

在科技技术交流展中，可以通过科技技术的分类制作各种大展联排展架，并根据科技技术的产品应用对展架区域进行分割。如展架的第一区可分为通信技术展区，展架中的第一栏则可展出通信技术在手机上的应用，第二栏则可展出通信技术在导航器上的应用等，使整个展架都符合严谨分类的科学精神。（见图48）

图48

第6章
平面设计在展示空间中的应用

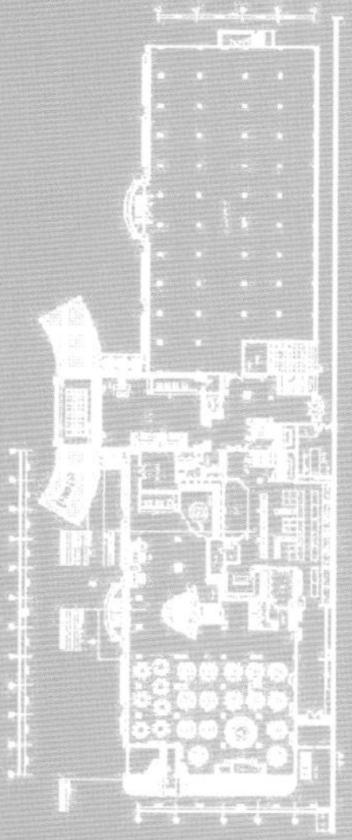

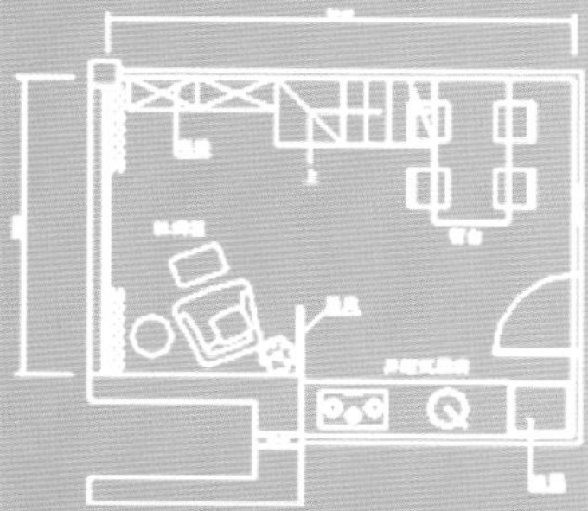

课题概述 ……………………………………………………………………………

本章主要介绍了展示设计中的平面设计方法，包括版面设计的基本原理、版面的应用功能和类型、各种设计元素以及编排技巧。

教学目标 ……………………………………………………………………………

通过学习，应掌握如何将自己的设计成果转化为图纸成果文件，而且得以很好地表达表现，以求在实际设计工作中得到很好的应用。

章节重点 ……………………………………………………………………………

了解展示设计专业的绘图技巧、制图及出图规范，成果文件的专业性。

6.1 平面设计在展示空间中的作用和功能

平面设计在展示设计中具有重要的地位，平面设计作为二维元素可以在展示空间中延伸出三维空间的观感，使空间的表情更加丰富细腻，给参观者留下深刻印象，同时达到信息传达和空间美化的作用。也就是说，平面设计的好坏是决定展示空间整体效果成败的重要因素。（见图1）

6.1.1 平面设计的信息传达功能

在展示设计中，所有展示活动的最终目的都是要让参观者被吸引并读懂、接受相关信息，平面设计则能很好起到信息传达作用。

（1）信息载体功能

参展商、组展单位发布的信息需要在展厅空间中正确的传达给参观者，通过平面设计，则可以优化信息传达方式，也是最主要的信息传递手段和主要的信息载体。（图2）

（2）艺术传播功能

除了准确无误地承载信息，艺术性表现则是平面设计的最主要因素。随着现代社会的发展，信息往往是多元化的，综合的以及复杂的。而信息在传播的形式方面也更趋于艺术化，这给平面设计提出了更高的要求，不但要准确地记录复杂的内容，更要提供艺术化的形式，以扩大信息在时间和空间范畴内传播的宽度、广度和有效性。最后平面设计也必须符合社会发展趋势和大众审美需求。（见图3）

6.1.2 平面设计对展示空间的气氛营造

根据展示设计要求进行平面设计，可以在展示空间中营造出特定的气氛，并能增强展示效果，主要表现在以下三个方面。

（1）强化展示效果

平面设计的内容可以强化展示空间的个性，营造特定的空间氛围，使展示空间强调的特异性和与众不同的效果能够轻松实现。同时还可以强化三维空间的视觉特效，配合立体场景的视觉效果，让展示空间以独特的效果在整个展场中脱颖而出。（见图4）

图1 展厅中的平面设计
图2 平面设计的信息传达功能
图3 平面设计的艺术传播功能
图4 强化展示效果

图1

图2

图3

图4

（2）提升展示内涵

枯燥乏味的说教和生硬呆板的陈列早已被时代淘汰，更为人性化和参与性的展示空间才会受到现代人的青睐。平面设计会为展示空间增添更多的时代感和趣味性，给参展者留下更深刻的印象，从而增强展示空间的观赏性。（见图5）

（3）拓展展示方式和手段

通过平面设计可以给展示空间的设计提供更多的现代展陈列方式和手段。随着高科技手段在展示空间中更多元的运用，我们不难发现，传统的平面正在逐渐被动态的现代科技所武装，从灯箱到LOG灯，从LED到三维影像，越来越多的新科技，新手法正在被融入到传统的平面设计中。（见图6~图7）

6.2 展示中常见的展板版面设计

在展示设计中应用平面设计时，可简单地将展示版面分为横版和竖版。但是无论哪种版式，在版式设计时都应有版头设计。版头的内容一般是文字或图片展示的标题文字及标志类图形等，标题应清晰明了，利于辨别。在同一个展示区域内的版头形式应相同，标题文字不同，但字体必须一致。（见图8）

6.2.1 展板版面的构成内容

展板版面由多种内容构成，大致可分为文字、图片、图表和装饰等四个部分。

（1）文字

展板上必然需要有文字和数字来传播展示信息，文字与数字的体式、大小和颜色必须有统一的设计或选定，例如大标题字统一用某种字体，某一种大小、同一种颜色。二标题字也是一样，但字要小一些。简介文字、照片说明文字也要选定某种字体，确定其大小和颜色。图表中的文字与数字的体式、大小、颜色也要选定。原则是文字和数字的体式不能过多，一般不要超过四种，文字的颜色控制在三种以内。

（2）图片

图片可以是张贴的照片或图片，也可以是在版面上直接完成的绘画。（见图9）

如果使用照片，则尽量选择视觉冲击力强的照片，并可做成灯片。使用不同的编排形式，不仅可以形成不同的风格，而且也可以体现不同的意境和含义。

如果直接绘图，则要注意构图的完整性，要使用具有方向性的题材。在行进的前方要多留一些空间，同时要留给观众想象的空间，而不是一览无余。

图5 有内涵的平面设计
图6 灯箱的应用
图7 新科技的应用
图8 展板版面设计
图9 展板版面的图片内容

图7

图5

图6

图8

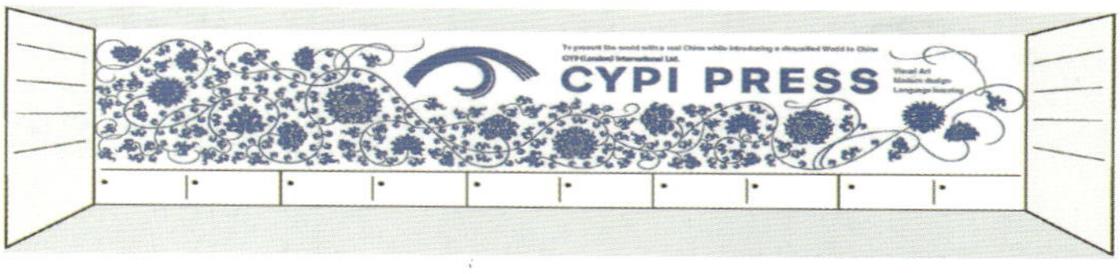

图9

(3) 图表

在总结性与规划性的展览会上，展板上会有大量的图表。图表的设计一定要打破老一套的简单化形式，要使图表具有较高的艺术性和趣味性，有感染力并耐人寻味。（见图10）

图表按内容和性质分为四大类，示意性图表、比较性图表、统计性图表和系统性图表。每一类图表都有其特殊的作用和构成方法。设计时必须根据内容，确定是哪一类图表之后再着意探求最佳的构成方法与表现形式。（见图11）

(4) 装饰

展览版面上通常还会使用各种装饰物件，这些装饰包括多种表现形式。

1）满地子纹饰：浅淡的四方连续纹饰、渐变的色条。

2）题花：与标题相联系地处于题头位置的左侧或右侧。

3）标志：展览会的标志，不论何种构成，都可放到展板的某个固定位置上。

4）尾花：在展板的下部放置写实或抽象的单独纹饰。

5）装饰性的色块与色条：与总版式的题头色条成和谐关系或对比关系的方形色块、圆形色块、色条及色线。

6）二方连续纹样：放在题头或展板的下部。

7）浮雕：用纸塑或苯板雕成。

8）肌理与质感的表现：植绒纸、瓦楞纸、布纹纸、木纹纸以及金属材质的组合运用等。

在使用装饰时，要注意应用得当，不可画蛇添足，如果是不该加的就绝对不能加。（见图12~图13）

6.2.2 展板版面的艺术设计原则

版面是指展示中传达信息的媒介，是展示空间中的有机组成部分，一般由展板、展墙等立式界面构成，通过图片、文字、图表等进行表现。

展示中的版面设计与平面设计中的版面设计不完全相同，它不仅有形态上的点、线、面、体以及三维空间的变化，而且还涉及到在三维立体空间和材质、色彩、照明以及表现手法上的丰富变化。另外，根据展示空间的造型设计，版面的形态有平面形、弧面形和折面型,也可以在组合上以平行、垂直、交叉、错位、放射等形式构成系列板式造型。（见图14）

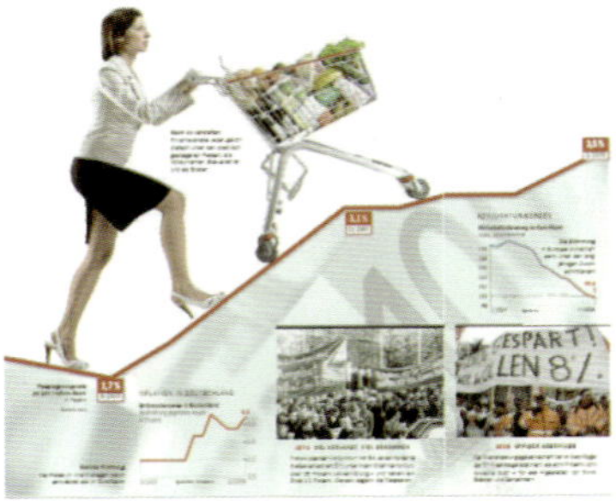
图10

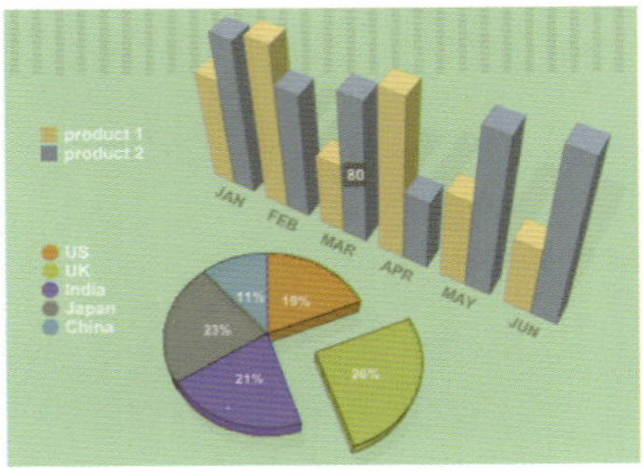

图11

图10 具有趣味性的图表
图11 统计图表
图12 装饰的应用一
图13 装饰的应用二
图14 基本设计元素的体现

图12

图13

图14

在展示空间中，没有绝对孤立的形态，而是各种形态的有机组合。展示版面的设计，首先要考虑到整个展示的内容、性质和展示空间的形式风格。应在整体设计思路的统一指导下进行统筹策划和布置。

（1）形式统一

不仅要注意版面中所传达内容的准确性，也要考虑版式的形式风格与所传达内容的对应性或适应性，做到内容和形式的统一。（见图15）

（2）轻重有序

根据展示版面的内容和主题要求，分门别类地依次整理出各种不同的层面，如主副标题、标语、说明文字、图片等。（见图16）

（3）美观大方

要研究视觉传达中心点、线、面的性质，运用形式构成法则来进行各类造型要素的经营或编排，并遵循生活中人们惯常的视觉要求，设计出合理、舒适、优美的视觉流程。（见图17）

（4）整体统一

在版面设计中应有相对统一的版面形态，相对统一的空间位置，相对统一的组合变化手法，相对统一的材质和工艺和相对统一的照明和色彩关系等。以此强化视觉力度，或加强版面的整体吸引力，从而避免琐碎无序，杂乱无章的现象。

6.2.3 展板版面的不同类别和表现形式

由于展示内容的不同，用以介绍的形式和角度也会有所不同，一般展示版面主要有以下两种形式。

（1）以图片为主

以图片、图形为主的版面形式，这类版面设计以图片或图形为中心进行平面版式编排。由于图片本身的色彩关系很复杂，为突出图片的观赏性，版面色彩要单一，文字设计要紧凑简练，可根据平面构成中点、线、面的设计原理进行整个版面的设计。（见图18）

（2）以文字为主

以文字为主的形式中，版面以文字为中心展开，一般分为两种，一种是以文字为主体介绍的版面设计，版面文字很多，用以介绍某种事物。由于版面尺幅有限，不作背景使用，设计要点在于通过标题字体的图形化设计以及底版色彩的处理来丰富版面的艺术性。另一种是背景性的文字版面设计，版面为展示的背景，版面前通常都有实物展示，这类展示版面设计的重点是文字的图形化设计，要突出的是企业称谓、展品名称、广告语以及部分展品的简要介绍等，文字的处理应和整体空间的设计融合在一起，版面成为了展示的整体背景。在材料的选择上，应充分利用不同材质之间的肌理差异来起到特殊的展示效果，这是目前较大型的展示设计的常用手法之一。（见图19）

图15

图16

图15 形式统一的平面设计
图16 轻重有序的表现
图17 美观大方的表现
图18 以图片为主的版面
图19 以文字为主的版面

图17

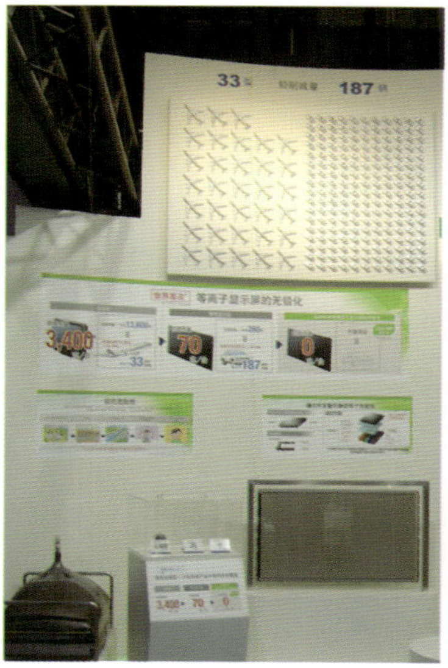

图19

图18

展示版面设计最关键的是总版式和分版式的设计，一定要使版式具有创意和个性。版式的类别可以区分出几十种，概括起来可以分三大类，即规则类、不规则类和混合类。

规则类展览版面是指有规律可循的，极易得到整齐划一效果的版面。例如网格式、边条式、等分式、并列式、对应式、交错式、交贯式、辐射式、斜置式、斜分式、分段式、竖排式（垂直式）、标题定位等。（见图20）

不规则类展览版面是指没有严谨的规则，而是自由随意构成的版面，显得十分活泼自然。例如散点式、分组式、蒙太奇式、出血式、衬景式、阶梯式、重叠式、力场式（视线诱导式）、骑缝式、错位式、变向式、聚点式、构成式、线迹组合式、渐变式、波浪式、中分式等。

混合类展览版面是指将以上两类版面进行拼联组合，以取得丰富而有变化的效果。例如上下组合式、上中下组合式、左右组合式、左中右组合式等。

展览版面设计成功的秘诀是版式有个性、照片大而少、文字精炼、色彩明快单纯、装饰适度、留有空白、有好的视觉流程设计、统一而有变化等。（见图21）

6.3 平面设计常用元素及排版技巧

由于平面设计中的元素主要是文字和图像，具体的设计也是对文字和图像进行设计和整体编排。

在展示设计中的平面设计，主要是对展板的设计，特别是同一空间内的展板，在格式上避免样式过于繁杂混乱，否则空间会显得缺少统一性，如果同一主题有多个展区，展板的文字和图像等设计元素应该相近。（见图22）

6.3.1 文字设计

文字设计是平面设计内容的基础设计。文字的变化造型对版面的艺术效果至关重要，需要设计师有很好的想象力和丰富的文学修养。

通常情况下，可以将文字看作是图形来进行设计，或是从文字中解出字面意义，更多的情况下文字充当着一种符号。在设计过程中，文字可以从不同的字体进行变化，包括以下几种方法。

（1）概括法

使用一定的几何形体对文字的笔画、形象与结构等元素进行归纳。（见图23）

（2）象形法

将一些象形物体通过一定的结合方式，与文字的笔画、结构进行嫁接，形成独特的文字图形效果。

图20 规则的版面设计
图21 混合类的版面设计
图22 过于繁杂的版面
图23 概括法文字处理

图20

图21

图22

图23

（3）解构法

将文字的结构进行一定的分解组合，在大形上辨别文字的字型，但在细小处的笔画根据图形的比例与平衡关系适当变化。（见图24）

（4）立体法

利用三维方向和体块结构来表现文字。

在实际的文字变化中，遇到最多的是成组的文字，字体的组合是通过分、合、叠、同构等手法，利用字与字之间的结构和关系进行的。（见图25）

6.3.2 图像设计

在展示版面的宣传中离不开图表式的内容说明，图表说明可以更直接地阐述展示的主题。展版设计中的图形形式也更多地运用艺术的形象，使参观者对其中表述的内容产生深刻的印象。

通常一张篇幅大而醒目的图片比一堆零星散布的小图片能吸引更多的参观者。展示中的图片通常会成为整个版面的中心，为了有一个较好的展示效果，图片不宜太小，而且画面要完整。版面的背景色彩要与图片色彩搭配，起到衬托图片的作用。一般来说，背景色彩与图片的整体色调要保持和谐，背景色的明度不宜过高，以免喧宾夺主，中度的灰色是最好的万用搭配色彩。（见图26）

6.3.3 图文混编

图文并茂的混编方式，可以使展示信息传递得更加直接，图片与影像在版面设计也经常运用，将大量的图片穿插在文字中，使文字成为图片的说明。在构图时应先确定图片的位置，为了保持构图的平衡，应将图片与文字分开放置，但需要说明文字的位置以及与相关图片对应，主要包括以下几种形式。

（1）对称式

在统一的版头图形下，图片与文字各居左右或上下。需要解释的是，这种结构下的文字在构图时，需要注意安放在适当的位置，文字要有足够的数量来平衡整个构图，适合用于文字较多的版面。（见图27）

（2）交替式

版面的平衡主要是由图片或色块的体量关系来完成的，图片的放置呈有规则的方格状，说明文字相对应的图片穿插在空白之处，适用于以图片为主导的版面设计。（见图28）

图24 解构法的表现
图25 立体法的应用
图26 图像设计
图27 对称的混编版面
图28 交替的混编版面

图24

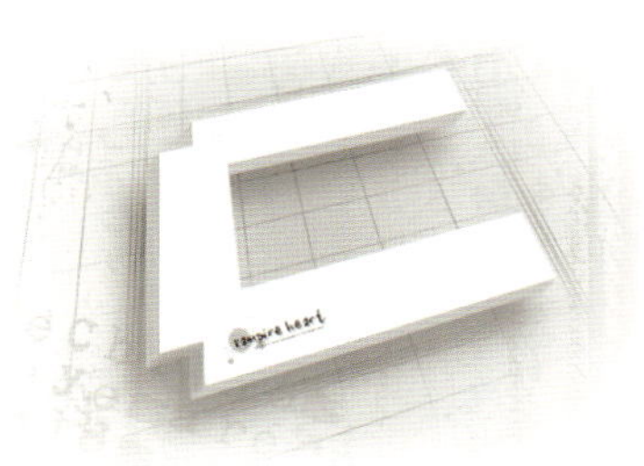

图25

图26

图27

图28

（3）叠加式

通过电脑制作将图片灰化作为底纹，图片的位置依图片灰化的程度而定，如果程度深，图片最多可以覆盖版面的四分之三，文字直接叠加在图片上，但是文字需要用加粗的字体表现。如果程度较浅，图片在整个构图中还占有一定的分量，这时图片最多只能占据版面的二分之一，并逐渐虚化，文字可以放置在虚化到空白的版面处，并且还需要根据实际情况做平衡处理。叠加式图文编排形式适用于以文字为主导的版面设计。（见图29）

（4）居中式

以版面中轴为中线，图片与文字都以上下或左右形式居中放置，在构图时以图片为主导，文字作为一种装饰有序地排列在图片的上下。

（5）混合式

版面构图具有强烈的图形效果，艺术感很强。整个版面以具有个性的图片为底，文字通常放置在与图片图形相互补充的位置，图中带文，文字又使图片更加丰满，具有极强的视觉效应。（见图30）

（6）图形式

将文字编排在一个具体的形状中，使其图片化，适用于纯文字的版面。（见图31）

6.3.4 纯文字编排

在纯文字的编排方式中，文字是版面的核心，也是视觉传达最直接的方式。经过精心处理的文字版面，同样可以具有上佳的版面效果。中文常用的字体主要有宋体、仿宋体、黑体、楷体等。展示版面为了达到醒目的效果，因此标题通常使用黑体、综艺体、琥珀体、粗圆体、细圆体以及手绘创意美术字等。一般在一个版面中字体形式不易太多，选择两到三种字体最佳。根据视觉原理，行距越大，每行的字就越突出，而字距越大则字就越突出。在一般情况下，作为标题的字号和字距都应比正文的字号和字距大。可以将各种文字看作是版面构图的重要元素，大小不一的文字就是构图中的图块关系，标题文字是一个个醒目的方块，正文的文字呈现出一个灰面，小标题则成为窄条线形。在版面设计时，利用分栏形式可以起到分割版面空间的作用，将正文文字进行分栏处理，再结合不同大小的标题，可以使版面呈现丰富的节奏感。（见图32）

图32

图29 叠加的混编版面
图30 混合的混编版面
图31 图形的混编版面
图32 纯文字的编徘版面

图29

图30

图31

教学实例 项目名称：平面设计应用

1. 工业设计展厅设计方案

本章主要对展示设计中的各种平面设计进行了详细介绍，包括版面的基本设计、类型，文字和图像的应用以及版面编排等知识。下面介绍一些各种经典版面的应用。

右侧为某工业设计展厅的展板展示区域，该区域中采用了多个展版的进行展示。每个展板中使用相近的排版方式，在展板顶部应用红色大字标题说明展示内容，下方则以图文并茂的方式介绍不同主题的相关内容。（见图33）

图33

图34为工业展示设计展厅的入口处，在入口处使用了三个独立的易拉宝拼出了一个大型版面。每个版面印刷了三分之一的版面内容，然后并排放置，完整显示整个展示内容。

版式的设计则分为两个区域，主要区域采用图文混编的交替方式，突出展出标题，次要区域则是纯文字编排，主要介绍展示内容。

图34

使用拼凑易拉宝，通常是在要应用很大的版面展幅情况下，无法印刷整个展示内容时，分区域制作，然后进行拼贴，这样做的好处可以使展板看起来更加有气势。（见图34）

右图为工业设计展示的相关杂志内页，在左侧的内页中主要是关于工业设计的相关介绍，应用了大量文字和少量图片，并且使用多栏方式，文字排列也非常整齐，图像使用规范。右侧内页则以图片为主，书页偶数页面为系列图片，形象展示工业设计，奇数页面为图文混编的版式，使用图文并茂的方式详细介绍，这种方式也是各种时尚杂志或设计杂志常用的版式。（见图35）

图35

2. 楼盘展场设计方案

右图为某房地产楼盘展场的三维效果图，在效果图中可从斜视的角度看到展场内的背景宣传信息，整个背景以黑色为底色，并配以绿色的装饰样条。

背景宣传展板占据了转角的两面墙，所以被分为两个版面。在正面的版面中，主要是对图像的设计，包括两个长条形宣传广告和阵列的窗格，同时以对称的方式排版。

右侧的背景宣传展板仍然使用黑色背景以保持统一性。版面内容则以文字为主，同样使用交替方式排版，使背景宣传信息更加容易被浏览者吸收接受。（见图36）

右图为从展场左侧镜头观察的效果图，可以从左至右地观察展场的整体效果，特别是从镜头近处的宣传柱。在宣传柱上仍然以统一的黑色为底色，然后以大字突显广告宣传文字，并在下方加入楼盘的实景（效果图）照片，让游客看到楼盘的具体效果和周边环境。应用绿色的线条作为视线引导，并根据线条的形状配以说明性文字，标明该宣传柱的位置区域功能，同时在宣传柱下方放置植物，填充平面的空白部分。（见图37）

右图为从房地产展场右侧镜头观察的效果图，在该效果图中主要可观察到展场对外的大型立式灯箱宣传广告和入口上方的宣传内容。

在入口上方是由绿色线条和白色背景以及相关图文信息构成的LOGO，延伸出清晰、明快的楼盘风格。

在灯箱广告中，楼盘的外景宣传图占了大幅画面，在画面正下方突出了开发商的名称，提示楼盘产品具有质量保证，最后整齐地加上文字说明，使参观者停下脚步仔细阅读，提高广告展示的效率。（见图38）

图36

图37

图38

设计点评

通过本章的学习，读者对展示设计中的版面设计知识已有一定的了解，下面是对一些相关设计的点评。

图39点评

该设计为某企业内部展示的大门入口，入口采用了金属面板制作框架，符合企业科技、现代的性质。左右两侧整齐地设置了圆形的灯箱，灯箱上印制企业的LOGO和文字信息，门的上方应用了大的条形灯箱，有效传达了展示信息。该设计中，各个元素使用得比较得体，但所有元素组成的平面效果略差。（见图39）

图39

图40点评

该设计为某瓷砖专卖店，从图中可观察到店内的一角和经过精心设计的店外宣传墙面。墙面上安装了两台液晶电视和使用瓷砖拼贴的装饰图案。从平面设计的角度看，店外宣传墙上拼贴画的形状和方向起到了引导视觉的作用，当参观者走近时又能通过电视浏览感兴趣的信息，两个设计相互呼应与补充。（见图40）

图40

图41点评

该设计为某男式睡衣的展示橱窗，该橱窗成功地选择了展示角度，并配合相应模特道具，使睡衣的着衣效果得到了充分的展示。

整个橱窗的设计非常独到，特别是橱窗的软包背景。从平面角度来讲，整个软包以单个柱体组成立体的弧形，使人感觉到包容、温馨。同时，软包的质感也给营造出舒适的环境，更符合睡衣的使用环境。

该橱窗的颜色搭配则略显不足，红色的软包背景与红色的睡衣同色，很难显出对比的效果。（见图41）

图41

图42点评

该设计为某图书的内页目录，在目录的版面上设计过程中采用了大小一致的色块作为背景。每一个色块代表不同的章节。在每个色块中，章节标题都使用黑色粗体的文字，同时为章节页数使用白色粗体文字，强烈的对比使章节标题内容和页码在鲜艳的背景中显得十分醒目。

在每个色块的底部，是每个章节具体内容的标题，相对应地使用了黑色粗体文字表现文字，以白色粗体文字表示数字，使读者容易被目录所吸引，同时又能在目录中便捷地找到需要的相关信息。（见图42）

图42

图43点评

该设计为某高级酒店的大型餐厅，从图中可以观察到餐厅被三面文化背景墙软性分割为三个邻接的空间。

在三个文化背景墙上，借用了科技手段让文字和图像都以数字技术转换而来。所有文化背景墙都为液晶屏幕，并都使用蓝色为背景颜色，然后使用白色的英文整齐地填满整个背景，将液晶屏幕作为了可以动的“图像”居中放置，组成图文混编的排版方式，使文字和图像都能以动态的形式清晰地展示给就餐客人。（见图43）

图43

图44点评

该设计为某地产开发商新开楼盘的宣传画册，在画册中采用了典型的图文混编排版方式。在画册正中心使用较有意境的图像，暗示出楼盘的愿景效果。该图像将作为宣传画册的构图视觉重点，使人在阅读的第一时间即留下美好的印象。

在图像下方配以相应的文字，构勒出美好的想象空间，整个画册内容简洁明了、设计款式大方，很容易增加到阅读者的购买意向。（见图44）

图44

图45点评

该设计为某时尚家居的小型专卖店，由于该店铺处于大型商场中，所以设计师独到地将其设计为盒子状。面向游客的两个面上进行开孔，使面灵活地表现出来。每个面上张贴品牌LOGO，并使用射灯突出表现，与整个外观结构整合起来显得非常注目。

在开孔处安装玻璃，可以保持整体的通透性，参观者透过玻璃可以看到内部的家居布置效果，使内部画面和外部墙体结合成一个整体画面，从而引起游客的购买欲望。

该设计惟一不足的就是整个空间过小，展示内容受局限。（见图45）

图45

图46点评

该设计为韩国商场中的品牌化妆品现场宣传展台，展台占据商场过道一角，主要由两个接待台和一个展板组成。在接待台和展板面向游客的一侧，都采用了统一的平面设计风格，包括一致的字体、字号、颜色、图像内容等。

在接待台的平面设计上，应用了深红色的背景，然后在中心加入较大的品牌文字LOGO，在LOGO上下方分别加入品牌宣传语和相关的图标。

对于展板的平面设计，则充分利用展板的形状。首先使品牌文字LOGO位于人的视觉最佳观察高度，然后使用叠加式的排版方式，最后添加底纹图片，使整个平面构图显得整齐划一，内容丰富。（见图46）

图46

图47点评

该设计为某小型美术馆的国画展示厅，在展厅中使用立式金属展架展示单独的画，每两个金属展架组成一组，并排展示同一系列的两幅美术作品。

在立式展板上，版面设计得左右对称，悬挂展示的美术作品大小、宽度也一样，整个版面没有文字说明，美术作品将作为展示的惟一重点。（见图47）

图47

课后练习

1. 为某体育品牌服饰卖场设计一个背景展板，要求体现出相关的品牌精神和与体育的联系，同时要求展示产品。

创意思路

在卖场中，将面向出口的墙面布置成大型背景展板。在展板上，通过纯图像的方式作为基础版式，背景图像使用大型的篮球运动图像，主要表现的前景是颜色鲜明的由品牌LOGO变化而来的图案，充分体现出品牌与体育的联系。

在展板上，根据LOGO图案的形状在适当的位置安装展架，展出一些运动鞋，即可在宣传品牌精神的同时展示商品。（见图48）

图48

2. 为某企业的年会设计制作一个大型宣传墙，需要体现出宣传企业文化和发展状况的效果。

创意思路

在宣传墙的设计过程中，首先应收集大量的素材，主要以照片为主，将所有照片都冲洗成相同的尺寸，然后在展墙上以照片尺寸绘制方格，并通过这些方格规定照片的位置。但以凌乱的方式任意张贴，在符合视觉的位置留出空白，附上适量的文字，对企业的经营理念、管理方式以及发展历史进行详细介绍。（见图49）

图49

3. 设计一个小型厅，用于学校开展社会科学课程项目，要求以当地社会发展为主题发展示。

创意思路

由于展示主题用于教学，而且涉及社会发展，可以从一个城市的科技、农业、军事等多方面从手。在设计过程中，版面的设计显得尤为重要，可以通过版面来对涉及的社会内容进行划分，如军事介绍版面以图文混排模式，展示军事发展历史和基本知识。（见图50）

图50

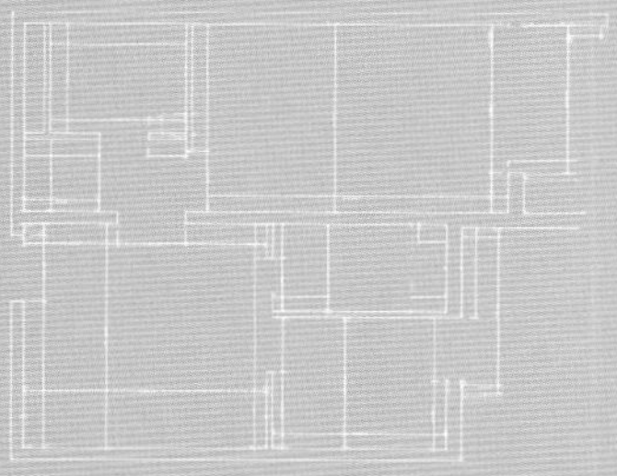

第7章
色彩与照明在展示设计中的应用

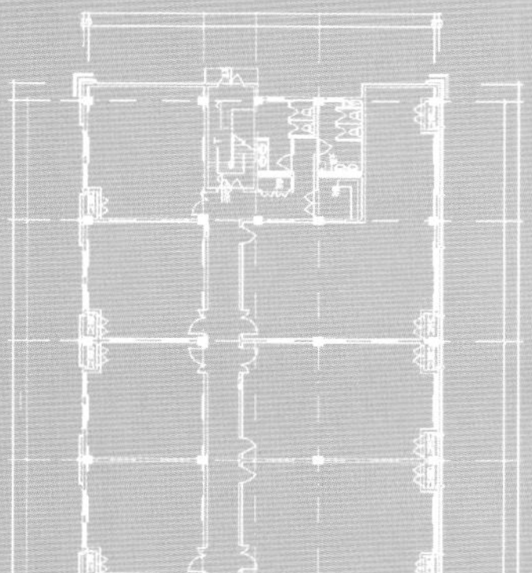

课题概述

本章主要介绍了展示的色彩与照明设计，包括色彩的原理与给人的心理感受，色彩的搭配，照明设计的原理，光照的种类及照明的范围。

教学目标

通过学习应掌握色彩、照明与展示的关系，对色彩与照明有较深入的理解，并能使用不同的搭配方式对色彩与照明进行设计，同时熟悉各种色彩的关系和光线照明的作用。

章节重点

色彩应用原则、色彩设计方法和照明形式。

7.1 展示空间中的色彩应用原则

色彩的设计并没有固定的设计原则、规律和模式，力求创新、寻求突破正是其设计的创造价值体现。在展示设计中，色彩的应用主要针对不同类型的展示空间服务，它必须符合展示活动的功能与目的。（见图1）

在一般展示空间中，如图书馆、专卖店等场所，为了给受众群体创造舒适的感觉，色彩的设计多以舒适、和谐为原则。在某些特定的展示空间中，如服饰橱窗等场所，为了强化信息的传递，色彩的设计多以醒目、突出为原则。（见图2~图3）

7.1.1 色彩呈现的一般原理

生活中如玫瑰的红色、天空的蓝色、沙滩的黄色等，其实这些颜色都是在一定条件下才出现的。这些条件包括光线、物体反射和肉眼。光和色是并存的，没有光就没有颜色，可以说，色彩就是光线射到我们肉眼内产生的知觉。（见图3）

根据展示设计要求进行平面设计，可以在展示空间中营造出特定的气氛并能增强展示效果，主要表现在以下三个方面。

凡是能作用于肉眼并引起视觉效果强烈的电磁辐射，即被称作光。电磁辐射可以通过数据来描述，这种数据叫波长。电磁辐射的波长范围很广，我们能见到的光的波长范围在380毫米~780毫米之间。随着波长由短到长，出现的色彩是由紫到红。（见图4）

图3

图1 丰富的颜色
图2 橱窗色彩设计
图3 橱窗内的模特
图4 由紫到红的波长色条
图5 光的散射图
图6 不同颜色的相同物体

不同光波波长的系数不同，当一束白光通过三棱镜时，便会被分解成红、橙、黄、绿、蓝、靛、紫等顺序的光带。被分解出来的光带称为可见光谱，又可称为色散。（见图5）

由于不同波长的光所反射的视觉强度是不同的，因此测量物体所反射的波长分布便可以确定该物体是什么颜色，也可以通过测量物体反射光量的方法，精确地推断出两件物体的颜色是否相同。（见图6）

图2

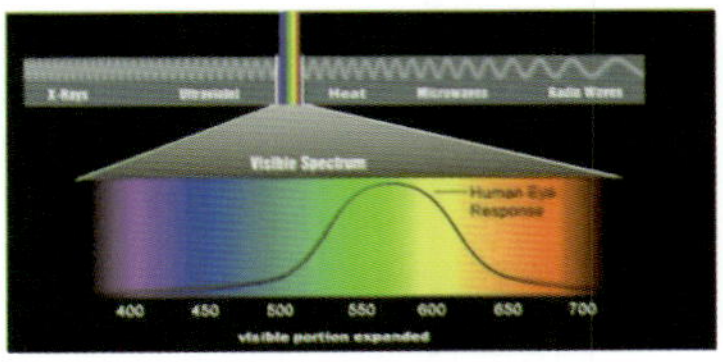

图4

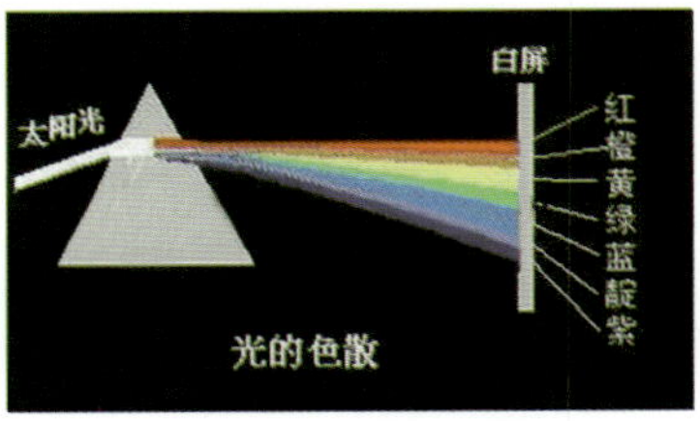

图5

图1

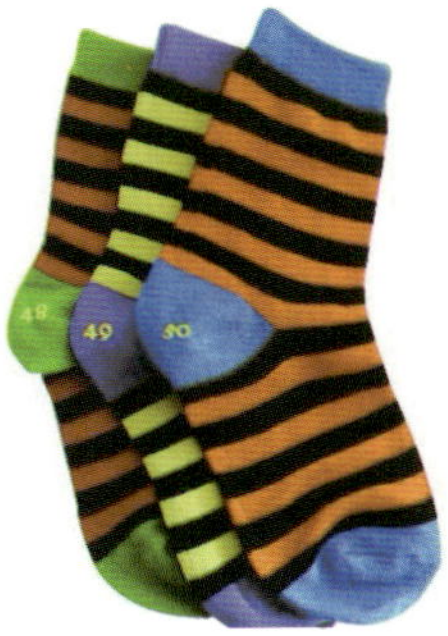

图6

7.1.2 色彩的心理感受

人们对于客观世界外部色彩环境的认识和感受都是建立在人的视觉基础之上的。这种色彩的感知会引起人们的心理活动，激发内心情感的变换。

当色彩引起人们的视觉生理变化时，就会产生一定的心理活动。与此同时，这种心理活动又必然会引起一定的生理变化。这种色彩所引起的生理和心理上的变化是由人们对色彩的心理联想而产生的。

人们对于色彩的心理联想是基于对物体的颜色和人类的各种经验。当人们看到红、橙、黄色时就会联想到太阳、火焰等，并产生一种温暖的感觉。看到绿色和蓝色时就会想到森林、天空和海水，并产生一种凉爽的感觉，这类“以色引物”的联想称之为具体联想。而由红色联想到革命、热情，由绿色联想到环保的这类联想比较抽象，它被称之为抽象联想。（见图7）

由于民族、年龄、性格、知识修养和职业等的不同而造成的个体差异，也会带来对色彩的感知差异。（见图8）

色彩的联想会受到传统和习惯的影响，日复一日，色彩就具有了某一特定的内容，并逐步形成这种颜色的象征性。如红色使人联想到生命和鲜血，进而象征着革命和热情。色彩的象征性有时在特定的环境下又具有导向和识别功能，如消防车使用红色，邮政车使用绿色。在中国，使用颜色来划分等级和方位等。在欧洲，自古以来使用颜色表示天上的星星与星期。在美国，人们使用颜色来识别大学的主要学科和月份。利用色彩的象征意义，对不同的环境色彩的设计和把握，可以更好地表达出特定环境和内容。（见图9~图10）

7.2 色彩基础知识介绍

在设计中，依据人的色彩视觉生理及视觉心理，改变色彩的明度、色相、纯度、冷暖、面积等因素，可以使环境的色彩变得更为舒适、安全、美观，更符合使用功能，这需要设计师了解并掌握色彩的基础理论知识。（见图11、图12）

7.2.1 色彩的构成

色彩构成（Interaction of Color），即色彩的相互作用，是从人对色彩的知觉和心理效果出发，使用科学分析的方法把复杂的色彩现象还原为基本要素。利用色彩在空间、量与质上的可变幻性，按照一定的规律去组合各构成之间的相互关系，创造出新的色彩效果的过程。色彩构成是艺术设计的基础理论之一，它与平面构成及立体构成有着不可分割的关系，色彩不能脱离形体、空间、位置、面积、肌理等而独立存在。

图7 使用红色背景衬托冬衣
图8 橱窗里的衣物和广告牌
图9 色彩丰富的酒吧
图10 色相环联想
图11 舒适的餐厅
图12 色彩搭配得当的橱窗

图7

图10

图8

图11

图9

图12

三原色（红、绿、蓝）是色彩构成的基本要素，将三原色以适当比例混合可以得到各种不同的色彩。不同的色彩组合可以带给人千差万别的视觉感受。通过科学的系列训练方法，理解色彩组合的概念，掌握色彩搭配的规律，就可以直观有效地使用色彩来表达设计的主题。（见图13）

色彩分为彩色和非彩色两大类。彩色是指红、橙、黄、绿、青、蓝、紫等各种颜色。彩色有明度、色相和纯度三种特性。非彩色是指白色、黑色和各种深浅的灰色，明度有差别，但是没有色相和纯度这两种特性。（见图14）

白、黑、灰色对于可见光谱各波长的辐射没有选择性，所以为中性色。

白色在使用中可以引起明亮感，当大面积使用白色时，可构成高度的调子，给人纯净、干净的感觉。（见图15）

明度是指人眼对物体的明暗感觉，受时间感受性和光线的影响。明度的变换相当于亮度的变化，当光源的亮度越高或物体表面的光反射率越高，人眼感觉到的明度也就越高。（见图16）

色相是指色彩的相貌，是彩色之间彼此相互区分的特性。可见光谱不同波长的辐射，在视觉上表现为各种颜色，如红、黄、绿等。

纯度是指色彩的饱和度，又可称为彩度。色彩的纯度取决于物体表面反射光谱辐射的选择性程度。（见图17）

图13 色相环
图14 聚光灯下的模特
图15 白色的外衣
图16 展架上的椅子
图17 商场一角
图18 设计实例一
图19 设计实例二

7.2.2 色彩的协调

展示中色彩设计的根本问题是色彩的协调搭配是否与展示活动的目的相符。色彩效果取决于不同颜色之间的相互关系，同一颜色在不同的背景条件下，其色彩效果可以迥然不同。这是色彩所特有的敏感性和依存性，因此如何处理好色彩之间的协调关系，就成为配色的关键问题。（见图18~图19）

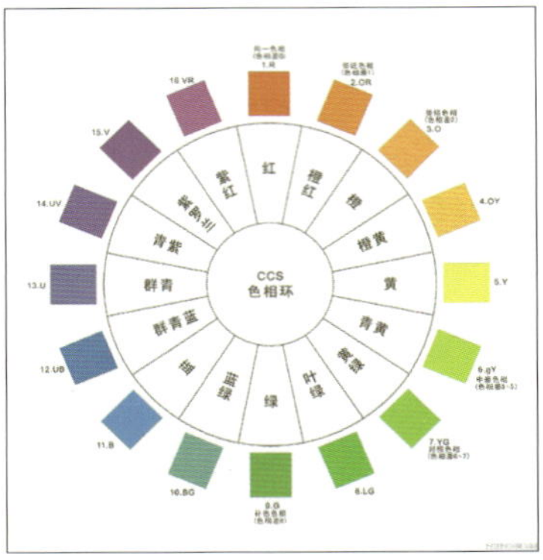

图13

图14

图17

图15

图16

图18

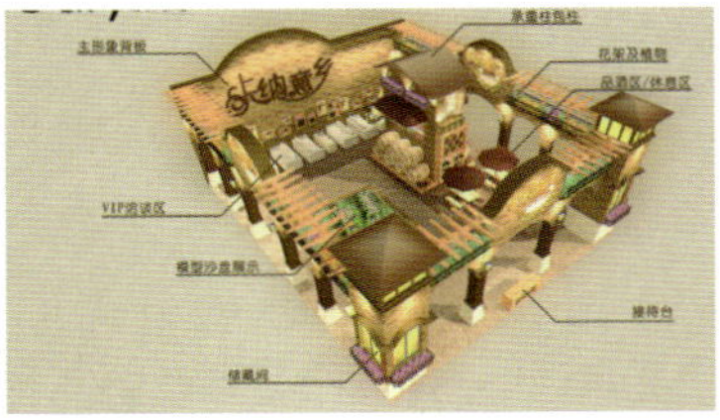

图19

由于色彩与人的心理、生理有密切关系，如当注视红色一定时间后再转视白色区域或闭上眼睛，就仿佛会看到绿色。此外，在以同样明亮的纯色作为底色，在色域内嵌入一块灰色，如果纯色为绿色，则灰色色块会给人以红的映像，反之亦然。这种现象，前者被称为“连续对比”，（见图20）后者被称为“同时对比”。（见图21）而视觉器官按照自然的生理条件，对色彩的刺激本能地进行调剂，从而保持视觉上的生理平衡，并且只有在色彩的互补关系建立时，视觉才得到满足而趋于平衡。

色彩协调的基本概念是由白光光谱的颜色，按其波长从紫到红排列的。这些纯色彼此协调，在纯色中加进行等量的黑或白所区分出的颜色也是协调的，但不等量时就不协调。例如米色和绿色、红色与棕色分别不协调，海绿和黄接近纯色是协调的。在色环上处于相对地位并形成一对补色的那些色相是协调的，将色环三等分，会造成一种特别和谐的组合。色彩的近似协调和对比协调在室内色彩设计中都是常用的，近似协调固然能给人以统一和谐的平静感觉，但对比协调在色彩之间的对立、冲突所构成的和谐却更能动人心魄，关键在于正确处理和运用色彩的统一与变化规律。和谐就是秩序，一切理想的配色方案其所有相邻光色的间隔是一致的。（见图22）

7.3 照明设计

在展示设计中，良好的照明能够为参观者带来完全不同的感受。

照明设计是展示设计的重要组成部分，合理的照明设计不仅是展示照明的条件，更是表达空间形态、营造气氛的基本元素，同时还有利于确保展示活动的安全性。（见图23）

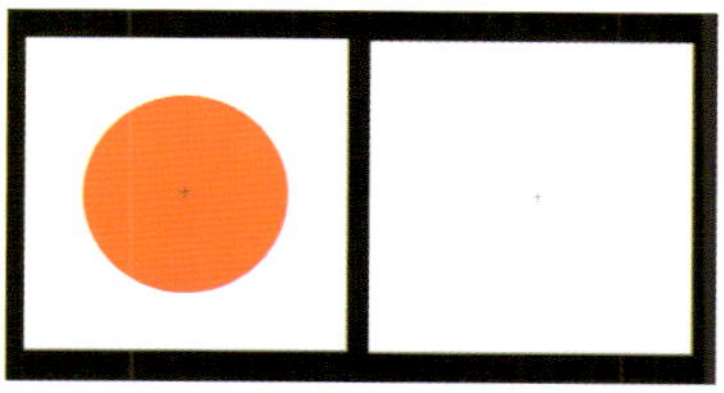

图20

图21

7.3.1 照明的基本原理

照明有两个基本目的，一是为识别物体，二是为增进环境气氛。良好的照明不但要符合视觉的生理要求，也要达成情景的心理需求。

为了提供一个舒适的照明环境，在进行照明设计之前必须充分地考虑到照明度的大小、光源的色温以及光源的显色性等。（见图24）

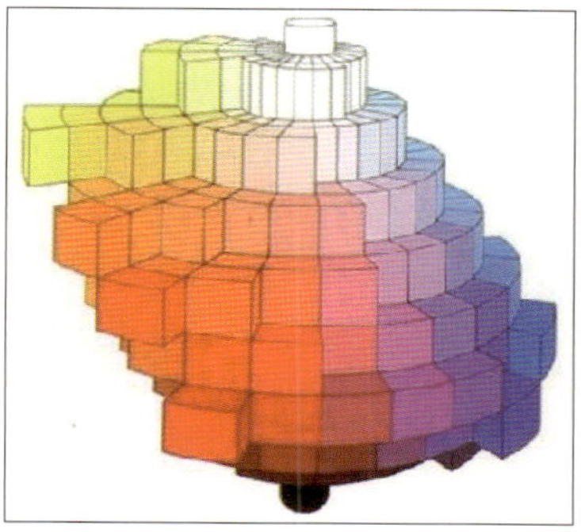

图22

图24

图23

图20 色彩的连续对比
图21 相同明度的色相对比
图22 色立体
图23 展台照明效果
图24 商场照明设计

在照明度不足的环境下，不仅人眼对物体的辨别能力会下降，还会给人阴暗、沉闷和压抑的感觉。而充足的照明度则会给人带来明亮、开朗和舒适的感觉。通常人眼对于物体的辨别能力会随着照明度的增加而提高，但当照明度提高到与白天太阳光的照明度10万LUX相同时，人眼的视觉能力反而又会随之下降，因而，人工光源提供的照明度必须在10万LUX以下。（见图25）

光源的光谱分布与照明度大小均会影响其显色性，因此在显色性不同的光源下，同一物体会呈现不同的颜色感觉。

光色可以由光源的色温来表示，色温低时光色偏暖，色温高时光色便偏冷。在不同的照明度下选用不同色温的光源，可以获得良好的照明效果。当然，气温和地区习性也会影响人们对色温舒适度的感觉。如冬天的时候人们喜欢暖色，而夏天的时候人们中意冷色。（见图26）

7.3.2 光源术语

颜色离不开光源，没有光就没有色彩。使用人造光源来观察颜色时，经常会发现两个物品的颜色在某一人造光源下看上去十分相似，但是在自然光下（或在另一个人造光源下）进行观察时差别却十分大。这种现象在物理学上称为物体的同色异谱现象。（见图27）

一个标准的光源中包括光源的光谱、光源的亮度、光源的柔和性、光源的色温以及光源的显色指数等。

光源的柔和性是指标准光源依据科学设计的围光系统，以确保将荧光灯管发出的光的能量尽可能多且尽可能均匀地照射在被照物体表面上，并且没有光的闪耀或光的阴影。

光源的色温是以光源发光时所显现的颜色与一个绝对黑体因高温燃烧时所显现的颜色相一致时的燃烧温度来定义的。它的单位是绝对温度Kelvin（K），K值越高，显现的颜色就愈趋向于白蓝色。K值越低，显现的颜色就愈趋向于黄红色。光源对物体本身颜色呈现的程度称为显色性，也就是颜色的逼真程度。

需要注意的是，色温和显色指数是两个不同的物理概念。色温只反映了人造光源的颜色偏暖色调或者偏冷色调。显色指数则反映了在某光源照射下所能显现出来的颜色种类。（见图28）

7.3.3 展示设计的照明原则

展示照明一般分为自然采光和人工照明两大类。自然采光必须避免阳光直射，应取比较稳定的北窗天光。而由于天气变换、时间段不同等因素，自然光源的强弱和均匀度都很难得到控制，所以一般展示设计都以人工照明为主。（见图29）

图25 照明度不同的橱窗
图26 蓝色的光照效果
图27 同色异谱现象
图28 显色不受色温影响的模特

图25

图27

图26

图28

在设计展示照明时，首先必须搞好展示环境的总体基本照明、局部重点照明和装饰照明这三者之间的关系。从整体展示效果出发，首先把握基本照明与各局部照明的光色、强度和照明的比例关系。其次是处理好光源、展示物和观众之间的关系，研究三者之间的位置、距离、方向以及光源强度对观众视觉生理和心理产生的作用，设计出照明度适宜、展品突出、具有心理上舒适感的展示照明环境。第三是要选择不同类型的灯具，充分利用各种不同灯具的性能和特点，对展示物和环境进行合理的照明。第四是避免光源直射观众以及被玻璃等物体的反射产生眩光。（见图30）

7.4 照明方式

照明的方式是指照明设备按其安装部位或光的分布而构成的基本制式。就安装部位而言，分为一般照明、局部照明和混合照明等。按光的分布和照明效果可分为直接照明和间接照明。选择合理的照明方式，对表现立体感、质感和光泽，提高展品诉求效果有很大的辅助作用。（见图31）

7.4.1 采光方式

采光是指利用白天明亮的天空在某一特定环境或区域获取的自然光线。根据光的来源方向以及采光口所处的位置，可以分为侧面采光和顶部采光两种形式。侧面采光可选择良好的朝向，但侧面采光只能保证有限进深的采光要求。一般采光口置于1米左右的高度，有时展厅为了争取多展览面积，会提高深处的高度，将采光口置于2米以上。顶部采光是自然采光利于的基本形式，光线自上而下，照明度分布均匀，光色较自然。但上部有障碍物时，照明度会急剧下降，由于垂直光源是直射光，容易产生眩光，不具有侧向采光的优点。

展厅的自然采光并不完全由天气所左右，同时依靠窗口的大小、玻璃的种类、展厅装饰材料的反射系数等发生变换。

展厅采自然光并不完全局限于窗户采光的形式。有时需要在建筑设计中完成，有时则需与建筑设计配合完成，有时则由展厅设计师独立完成。不管怎样，在室内采自然光是展厅设计的一大任务。展厅采自然光给人一种温和、自然感，同时也使得空间与自然环境相连，使展厅设计步入一个展品与自然环境相融合的境界。（见图32）

图29 手链的照明设计
图30 橱窗的照明设计
图31 展台上的酒
图32 由窗户采光的展厅

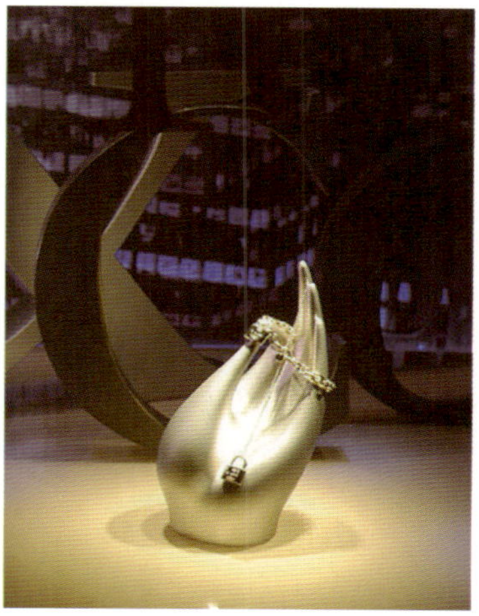

图29

图31

图30

图32

7.4.2 照明种类

根据光通量的空间分布状况，照明的种类可分为直接照明、半直接照明、间接照明、半间接照明以及漫射照明五种类型。

（1）直接照明

光线通过灯具射出，其中90%~100%光线到达假定的工作面上，这种照明方式叫做直接照明。这种照明具有强烈的明暗对比，并可以造成有趣生动的光晕效果。但由于亮度高，容易产生眩晕，光质不佳。（见图33）

（2）半直接照明

半直接照明方式是半透明灯罩材料造成的，使60%~90%的光源以扩散的方式照射到假定的工作面上，而10%~40%的光源则由半透明的灯罩向上漫射，其光线比较柔和，因而能产生较高的空间感。（见图34~图35）

（3）间接照明

间接照明是将光源遮蔽而产生的间接照明方式，指90%~100%的光线通过天棚或墙面反射作用于假定的工作面上，10%以下的光线则直接照射到假定的工作面上。其光质极佳但光线不足，通常和其它照明类型配合使用才能得到特殊效果。（见图36）

（4）半间接照明

半间接照明是指光源有60% ~90%的光线经过反射照射在物体上的，10%~40%的光线则直接照射于物体上的照明类型。这种照明类型能产生比较特殊的照明效果，使较矮的展厅或室内有增高的感觉。（见图37）

（5）漫射照明

漫射照明类型是利用灯具的折射功能来控制眩光，使40%~60%的光线向四周扩散漫射，而有40%~60%的光线是反射后再投射在被照物体上的照明方式。这种照明光线性能柔和，视觉舒适，但光线亮度较差。（见图38）

图33 商场的直接照明
图34 展台上的茶叶
图35 餐厅的透明灯罩照射
图36 楼梯的遮蔽灯光照射
图37 低矮的餐馆照明
图38 橱窗的漫射照明

图33

图34

图35

图36

图37

图38

7.4.3 整体照明和局部照明

（1）整体照明

整体照明一般不考虑局部的特殊需要，是为照亮整个展厅而采用的照明方式。整体照明由对称地排列在展台上的若干照明灯具组成，展品可获得较好的亮度分布和照明均匀度，所采用的光源功率较大，而且有较高的照明效率。这种照明方式耗电大，布灯形式较呆板。（见图39~图40）

（2）局部照明

局部照明是为了满足展品某些部位的特殊需要，而在一定范围内设置照明灯具的照明方式。局部照明方式在局部范围内以较小的光源功率获得较高的照度，同时也易于调整和改变光的方向。（见图41）

（3）混合照明

混合照明是由整体照明和局部照明组成的照明方式。良好的混合照明方式可以增加工作区的照明度，减少工作面上的阴影和光斑，在垂直面和倾斜面上获得较高的照明度。其缺点是视野内亮度分布不匀。为了减少光环境中的不舒适程度，混合照明照度中的一般照明照度应占该等级混合照明总照度的5%～10%。（见图42~图44）

图39 橱窗的整体照明
图40 展厅的整体照明
图41 橱窗的局部照明
图42 混合照明的橱窗
图43 混合照明的展厅
图44 混合照明的效果图

图39

图40

图41

图42

图43

图44

教学实例 项目名称：展台颜色和灯光的设计

本章主要对色彩与照明在展示设计中的重要作用进行了详细介绍，包括色彩应用原则、色彩设计方法、照明设计以及照明的方式。从心理感受、构成、基本原理、视觉传达、设计原则和设计方式等方面进行详细讲解。下面介绍一些表现典型的展具应用。

右图为某小型演示厅的设计草案图纸，图纸绘制了演示厅的基本结构框架，并简单标注了与会者的座椅安排位置关系。该草案不仅可以作为设计的尺寸参考，同时也可以作为照明电路设计的框架设计参考。（见图45）

右图为根据基本设计草案而制作的照明电路安装示意图。从图中可看出，演示厅中使用了大量的照明光源纵列在座椅的两侧，其中演示厅两侧过道顶端的光源数量较多，座椅之间过道顶端的光源数量则较少，这样可以使人在过道行走时，减少光源对视觉的影响，避免产生眩晕感觉，同时两侧的光源和中间的光源可以采用不同强度，使照明效果更有层次而不影响整体亮度。（见图46）

1. 小型演示厅颜色和灯光设计方案

右图为小型演示厅的三维效果图，从图中可观察到在演示厅的基本结构完全按照设计图纸搭建安装，展厅的整体风格则根据企业文化设计为蓝色色调，展现出冷峻、严厉的企业风范。但在参与演示的过程中，可能会让人觉得阴冷，压抑。

在这种情况下建议为筒灯或射灯安装暖色色调的灯泡，如常用的黄色，可以有效冲淡蓝色色系带给人们的偏冷的感觉。（见图47）

右图为演示厅的另一个观察角度的三维效果图，从该角度可观察到演示厅内座椅之间的宽窄距离、吊顶上各个光源之间的距离等。

根据座椅之间的距离和光源之间的距离，可以为过道顶端筒灯选择适当的强度范围，避免使用过强的灯光过于耀眼，也要避免使用过弱的灯光无法达到照明效果。

同时也需要根据座椅位置调整吊顶上两侧筒灯的照射角度，使筒灯尽量斜角角度偏向墙壁，避免直接照射在与会者的脸上。（见图48）

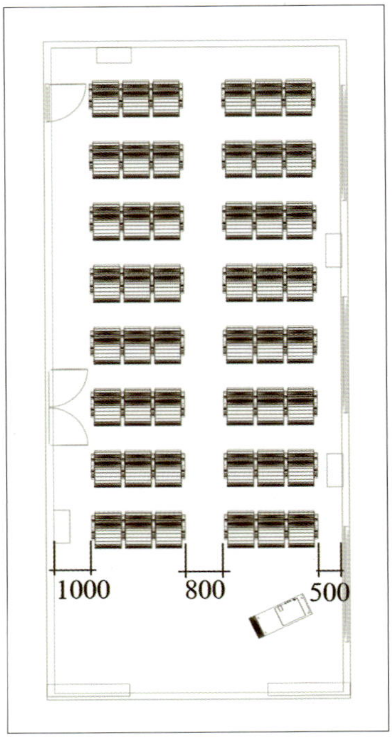

图45

照明电路示意图

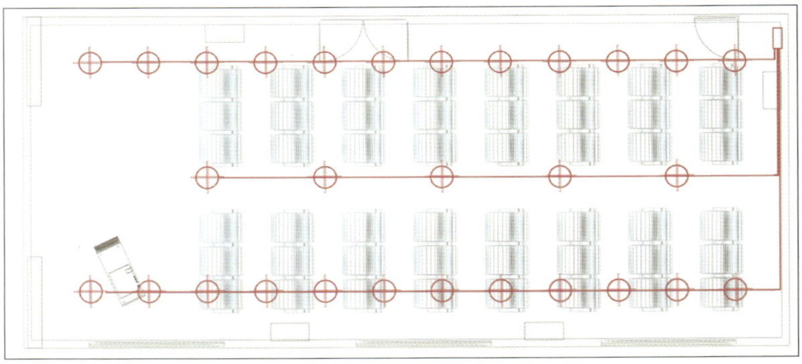

图46

图47

图48

2. 商场颜色和灯光设计方案

右图为某商场中的化妆品楼层的灯光设计效果图。在该楼层中，照明灯具主要使用了筒灯进行局部照明，使用灯带进行辅助照明和装饰。

由于筒灯能够更准确地照明局部，可以使化妆品展位或专柜在场景中更加突出，引人注目。

在过道上方安装曲线灯带，并为曲线灯带应用足够的亮度，可以以漫射方式均匀照明整个楼层，避免只有筒灯的照明楼层光线不足的问题。同时由于其安装在过道吊顶部，还起到吸引顾客视线的作用。（见图49）

右图为商场四楼的运动装专卖楼层，该楼层空间规划整齐合理，并以绿色色调为主，体现出运动表示的年轻、朝气、活力等内涵。

在该楼层中，照明灯具以大型吸顶灯、直线灯带为主。大型吸顶灯主要用于楼层照明，使每个展位空间都有足够的光线，在楼层中更加突出。而长短不一的条形灯组成一组大的灯带，给人以动感十足的感觉。

所有展位的隔断也配合整个楼层的设计风格，具有清晰的轮廓和整齐的队列。（见图50）

右图为商场大厅灯光设计方案的三维效果图。大厅中采用了阵列筒灯的方式进行照明，这样可以避免单一光源在大型场景中产生明显的阴影。

筒灯主要垂直悬挂在吊顶上，并且平均分布，大量的筒灯看起来就像一个大型的整体光源，发散出均匀柔和的光线，使大厅给人以温馨、亲切的感觉。同时每个筒灯的照明瓦数较低，在某种程度上起到了节约耗能成本的作用。

背景墙和地板采用较亮的石材材质，并使用深色色系，使整个大厅看起来更加稳重。（见图51）

方案2　一层化妆品

图49

方案2　四层运动装

图50

方案2　大厅

图51

设计点评

通过本章的学习，对展示设计中的各种颜色搭配和灯光的布置方式有了解，下面是对一些相关的设计进行点评。

图52~图53点评

该设计为某服装品牌的橱窗，均使用混合照明方式。该照明方式增加了工作区的照明度，减少了橱窗内的阴影和光斑。但视野内亮度分布不匀，而且在使用局部照明时应考虑到灯光对服装或饰物的保护和安全问题，防止光源热放射对展品造成损伤。最好的方法是把握好光量、强度和比例。（见图52～图53）

图52

图53

图54~图55点评

右图为某品牌时装店的内部，该时装店分为男装和女装两个部分。整个店面使用绿色服装搭配红色装饰，使用强烈的颜色对比提高了该店面的易见度，使得整个店面非常明亮，清晰。但是在增加了易见度的同时，也削弱了服饰颜色、搭配的丰富，使得整个店面显得单一，最好的方法是丰富配饰或店面装饰的颜色。（见图54～图55）

图54

图55

图56点评

该设计为某品牌包饰的产品展示橱窗，用于展示成熟女性系列皮包。橱窗外形为条形，更符合包类产品的展示，这样的橱窗形式避免了使用整体橱窗产生的多余空白空间。

背景采用与品牌LOGO相应的纹理暗花。在放置具体的产品之前，应首先计算好展出数量和摆放位置，然后安放装槽灯光，避免出现产品与灯光无法对应的情况。白色的灯光颜色使背景底部更亮，这样产生高亮对比。当摆放产品后，可以突出产品的底部展示效果。由于橱窗顶部缺少光源，使得产品的顶部没有得到很好的展示。（见图56）

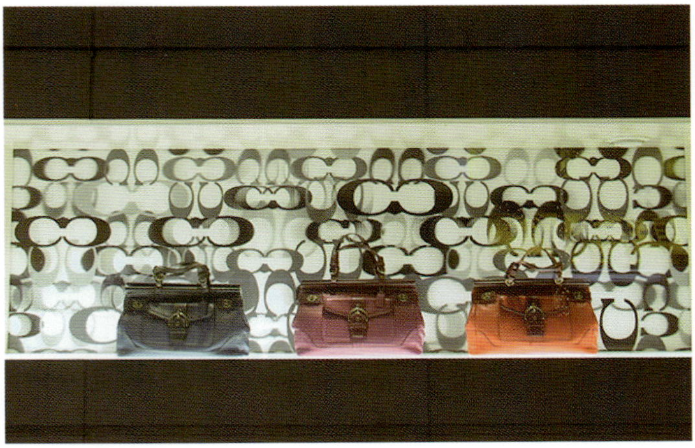
图56

图57点评

右图为某餐厅的内部照片，从照片中可观察到该餐厅中的壁灯使用半透明的灯罩材料形成半直接照明方式，其主要作用在于照明过道和装饰。

整个餐厅较为昏暗，壁灯的光线又比较柔和，会产生较高的空间感，从而增加整个餐厅的气氛。但是整个一排的台灯配合一排的餐桌显得有些呆板，最好的方式是在过道的顶部或侧面的玻璃上安装一些有温度的漫射灯光，使整个餐厅富有情调而不失活力。（见图57）

图57

图58点评

该设计为商场鞋子专卖店的橱窗，该橱窗使用半透明的异形柱体作为装饰灯具，使光线60%~90%的光源以扩散的方式照射到橱窗内的物品上，而10%~40%的光源则通过半透明的灯罩向上漫射，其光线比较柔和，因而能产生较宽阔的空间感，使得橱窗内的鞋子有足够的空间展示其独有的质感和光泽。

异性柱体灯具同时还充当着展台的作用的，由于所有的灯具长短不一、粗细有别。在橱窗中适当安装部分灯具用于预留展台，在橱窗完成后可以将鞋包等展品直接放置于较低灯具顶端即可进行展示避免安装新的展台与橱窗风格不协调。（见图58）

图58

图59点评

该设计为商场外部的整体橱窗，所有的橱窗都使用了全局整体照明的方式。该照明方式没有考虑局部的特殊需要，为照亮整个橱窗而采用的。

整体照明由对称地排列在展台上的若干照明灯具组成，橱窗内获得较好的亮度分布和照明均匀度，使得橱窗内的饰物立体而有质感。由于商场外部采用对称的形式，左右两个橱窗虽然采用了不同的，但保持风格一致，使橱窗展示更具视觉冲击力。（见图59）

图59

图60点评

该设计为商场中休闲男装专卖店的橱窗。橱窗采用深色为主要基调，并应用跳跃的亮色如桃红色作为点缀，使橱窗风格在成熟、稳重的风格中透露出年轻、休闲的气息和风格。

橱窗内部应用局部照明的方式强调模特身上的衣物，使用较小的范围获得较高的照明度，同时调整和改变了光照明的方向。使用逆向的照明光线使该品牌的衣物显得与众不同，也增加了该品牌的魅力。（见图60）

图60

图61点评

该设计为商场中的淑女服装专卖橱窗，该橱窗使用一些与品牌相关的杂志封面作为背景墙，这些杂志封面整齐地贴粘在背景上，使参观者了解到该品牌服饰与时尚、明星之间的联系。

在照明方面，橱窗内使用暖色灯光并限定灯光强度较弱，使照明柔和、温暖。配合灯光，通过模特展示各类衣物，这使人的视觉和心理产生一定的变化，使人将橱窗里的衣物与时尚、怀旧等一些元素联系在一起，从而勾起客户购买的欲望。（见图61）

图61

图62点评

该设计为职业女装专卖的橱窗，将该橱窗内的衣服、鞋子、摆放模特、箱子的图案与心理联想结合起来，顾客会因此各自民族、年龄、性格、知识修养和职业的不同，而根据颜色的刺激想起与之有关的事物，这样显示出该店的独特性。

在橱窗内采用了深红色和灰色为主要颜色，对比强度非常大，并应用强度较大的冷色调光线照明。在明显的强对比之下再次增强模特的效果，使整个橱窗带给人强烈的视觉冲击力。（见图62）

图62

图63点评

图63为商场中不同品牌服装的主题橱窗。从图中可观察到，两个橱窗虽然设计风格和展示主题不相同，但在灯光手法上具有共同点。两个橱窗的灯光都是从顶部垂直自上而下进行照明，而且照度分布均匀，光色应用自然。

左侧橱窗以深红色系为背景，突出展示黑色的晚礼服，使礼服的特点充分展现，同时橱窗布置成舞台效果，从而营造出完美的环境气氛。右侧橱窗无论是色彩还是布置风格，都给人以清新、自然的感觉，展示的服饰显得也更加自然、随意，贴近生活。（见图63）

图63

图64点评

该设计为黑色系时装的橱窗，从照片中可观察到橱窗使用了浅黄色的背景，但在背景上并未粘贴装饰图案，而保持了其洁净。在橱窗中同时还采用了大型的黑色图形作为装饰物，并分层次地布置，使空间更有立体感。展出衣物和饰品的模特使用白色，衣物和饰品以黑色为主，白色和黑色形成鲜明的强烈对比。由于黑色和白色都属于无彩色，无彩色对比虽然无色相，但这一组合在实用方面很有价值。对比效果使橱窗内的服装感觉大方、庄重、高雅而富有现代感。（见图64）

图64

图65点评

该设计为某商场内部的服饰橱窗，可观察到该服饰橱窗布置为情景式，橱窗采用了柔和的色调，如浅蓝、浅黄等，使人感觉各类衣服的展示效果更贴近生活，也更能激发购买欲望。

在照明方面该设计使用的是直接照明。这种照明具有强烈的明暗对比，并造成有趣生动的光晕效果，使整个商场富有生趣。（见图65）

图65

课后练习

1. 策划一个休闲服装品牌店面的橱窗，需要对服装、配饰及橱窗的背景颜色进行完美搭配。

创意思路

首先确定展品模特的造型及服装饰品的颜色，由于该品牌的服装是休闲装，因此需要根据服装的样式搭配适当的饰品。由于有特定的品牌，这时就需要强调橱窗的颜色及灯光，最好使用对比强烈的颜色和直接照明的方式，造成活泼生动的光影效果。（见图66）

图66

2. 策划一个商场的灯光照明效果，需对灯光的采样、照明的方式进行考虑，使人工灯光与自然光融合，制造空间与自然环境相连的效果。

创意思路

首先确定自然光采光口的位置、大小以及采光的方式，然后根据商场的空间结构设置适合的人造光源。

由于商场是多功能的复合空间，这就需要使用人造光来加强各空间的亮度，特别是商铺门口，这样会使商场具有丰富的照明效果，又能与大自然融合。（见图67）

图67

3. 策划某品牌的首饰展台，需对首饰的立体感、光泽和质感进行各方位的展现。

创意思路

由于首饰是用于修饰人体某部位的，所以首先应该为饰品确定一个载体使其各方位得到展现，再为其搭配展台的颜色和灯光。由于首饰需要衣服款式和颜色的搭配，在此使用展台背景的颜色来衬托首饰的高贵，然后使用局部的照明方式来突出首饰的亮度、光泽度以及立体感。（见图68）

图68

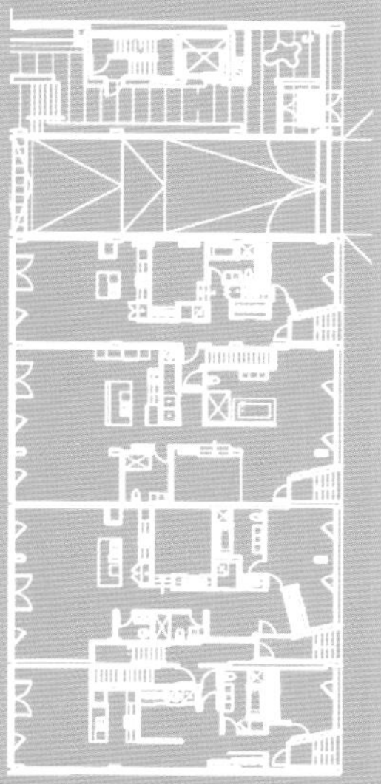

第8章
展示设计常用材料

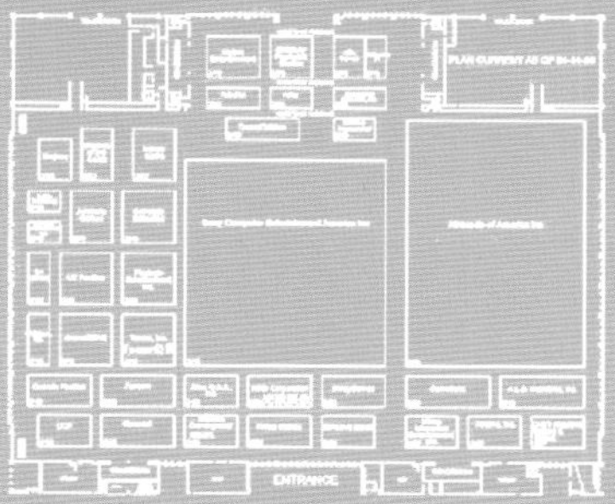

课题概述 ……………………………………………………

本章主要介绍了展示设计中各种常用材料方面的知识，包括材料的应用范围、特点、注意事项等等。

教学目标 ……………………………………………………

通过本章学习掌握展示设计材料的基本常识和使用规范。

章节重点 ……………………………………………………

各种常用材料的特点和应用设计原则。

8.1 材料的概念

材料是人类用于制造物品、器具、构件、机器或其他产品的物质统称。一切展示设计最终都是通过材料构建成现实作品，了解和正确使用材料完成展示空间设计对于设计师来说至关重要。（见图1）

8.1.1 材料属性概述

材料是人类赖以生存和发展的物质基础，除了具有重要性和普遍性以外，还具有多样性。正因为这种多样性，分类方法未曾有一个统一标准。从物理化学属性来分，材料可分为金属材料、无机非金属材料、有机高分子材料和不同类型材料所组成的复合材料。从用途来分，材料又分为电子材料、航空航天材料、核材料、建筑材料、能源材料、生物材料等。

尽管材料的类别很多，但是基于对这些材料特性的观察和研究，我们还是能够依据不同的特性将材料进行区分和归类。如前面所讲到的按照物理和化学属性区分材料，就是通过各种环境下每种材料所表现出来的物理特性或者化学反应的数据进行统计和归类，并且将这些数据作为最终判断材料类别的依据。（见图2）

（1）物理方面

从物理方面来讲，主要是指材料的密度、抗压强度、抗拉强度、硬度、强度、导热性能、导电性能、光学性能等。（见图3）

（2）化学方面

从化学方面来讲，各种材料都有不同程度的耐酸性、耐碱性、抗氧化、耐热性以及耐腐蚀性。（见图4）

（3）其他

从其他方面来讲，根据实际情况或应用规范对材料属性进行评判，如材料的平整度、材料间的色差以及尺寸规格上的允许误差等。

8.1.2 材料使用注意事项

如何合理使用材料是设计师必须精通的技能，除了设计美观方面的因素，材料是否使用合理主要是指其化学性、物理性以及机械性是否符合应用环境。

（1）化学性

在特殊环境中，材料使用的化学性更需要满足环境，比如在腐蚀严重的地方碳钢不能代替铜，只能使用不锈钢之类的耐腐蚀金属代替。

（2）物理性

在物理性方面，材料的应用不仅要满足设计美观，还要考虑在不同温度环境下的外形变化和应用效能，必须满足导电性、导热性以及热胀冷缩等性能。

图1

表 1　40Cr 材料属性实验数据

参数	第一组	第二组	第三组	第四组	第五组
硬度值 HB	70~120	190~240	360~410	280~330	490~540
屈服极限 σ_s（MPa）	354.57	542.81	455.28	596.81	760.94
强度极限 σ_b（MPa）	619.65	780.1	1091.36	885.89	1706.87
σ_1（MPa）	385.05	550.72	998.5	748.86	1496
ε_1 %	6.353	7.190	10.467	8.338	6.497
σ_2（MPa）	423.57	587.44	1010.98	773.84	1536.2
ε_2 %	7.109	7.743	10.641	8.705	6.719
σ_3（MPa）	462.07	624.16	1019.9	798.8	1572.8
ε_3 %	7.946	8.403	10.844	9.254	6.967
σ_4（MPa）	500.58	660.87	1035.95	823.76	1609.3
ε_4 %	8.926	9.15	11.086	9.913	7.26
σ_5（MPa）	539.08	697.58	1048.43	848.73	1645.9
ε_5 %	10.128	10.051	11.369	10.668	7.625

图2

（3）机械性

在机械性能方面，材料的使用要考虑到材料在长期使用环境下的变化，必须满足硬度、强度、刚度、耐磨性等性能。（见图5）

图1 材料的应用
图2 特定材料性质统计表
图3 黄金
图4 耐腐蚀材料制作成的零件
图5 材料强度较大的原件

图3

图4

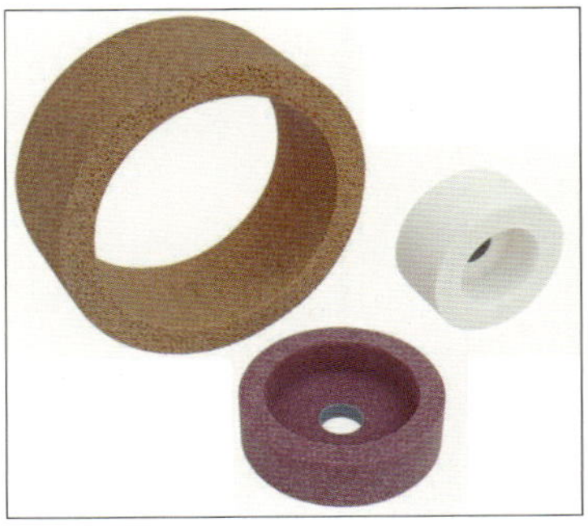

图5

8.1.3 材料的应用原则

在展示设计中，材料的使用不仅要以自身的基本属性确定用途，还必须遵循各种施工规范，更要以展示活动的目的作为基本原则。

（1）安全原则

在选用正确的材料时，可以通过材料的强度、抗压抗弯、抗折性等多种物理方面和化学方面性能进行评测，让适当的材料使用在展示空间的不同部位，以保证安全性。

（2）经济原则

在安全范围内降低造价，节省成本，从社会角度节省没有必要的能源和人力成本浪费。（见图6）

（3）环保原则

大部分建材并不环保，减少其使用量可以降低对人体健康造成危害。因此减少对能源的依赖，也是选用材料时需要考虑的问题。（见图7）

（4）美观原则

符合现代审美，正确体现设计理念和主题也是选用材料的原则之一。

8.2 木材和石材

由于木材轻便、易于造型，石料具有防火防水性能，这使得它们成为展示设计中应用最为广泛的材料。

8.2.1 木材

展示设计中常用的木制材料可以按照材料的性质分为硬木、软木和合成木材料三大类型。

（1）硬木

硬木多取自落叶性的净阔叶林木，包括柳木、楠木、果树木（花梨）、白腊、桦木（中性）等。它的特点是质地非常坚硬，有明显的花纹。较软木来说品质优良，比较适合做家具和贴面装饰。红木就是典型的硬木材料。（见图8~图9）

（2）软木

软木是针叶类树木，其木质较软，材质均匀，易于加工，而且强度高，膨胀变形小。现在世界上的软木资源主要集中在地中海沿岸和中国陕西秦岭山脉。软木主要的特性是质轻，浮力大，伸缩性强，柔韧抗压，不渗透性强，防潮防腐，传导性极差，隔热隔音，绝缘性强，耐摩擦，不易燃，可延迟火势蔓延。（见图10~图11）

图6 经济的建材
图7 绿色的环保材料
图8 硬木原材及成品地板
图9 展示地板
图10 软木板材
图11 软木贴面方案

图6

图7

图8

图9

图10

图11

(3) 合成木材料

合成木材的主要原料是废旧塑料、木屑和木粉。它具有良好的物理特性，有较好的热伸缩性和吸水性，并且具有耐磨、不易燃和可弯曲等特点。既可直接模压成型又可锯、刨组装使用。该种材料在防蛀、防火、防潮、隔音等性能方面明显优于天然木材。像三合板、合成板、密度板、刨花板、大芯板等都属于合成木材料，是展览工程中主要的使用材料。（见图12）

三合板是由三层或多层一毫米左右的实木单板或薄板胶贴热压制成。常见的有三夹板、五夹板、九夹板和十二夹板（俗称三合板，五厘板，九厘板，十二厘板）。三合板的结构强度好，稳定性好。胶合板含胶量大，施工时要做好封边处理，尽量减少污染。三合板主要用于装饰面板的底板、板式家具的背板等各种木制品工艺。（见图13）

大芯板也叫细木工板，是由两片单板中间粘压拼接木板而成的。细木工板的中间是以天然木条粘合而成的芯，两面粘上很薄的木皮，顾名思义大芯板，是装修中最主要的材料之一。

其防水防潮性能优于刨花板和中密度板。大芯板的工艺要求很高，不仅需要有足够的场地让木材有充足的时间进行适应性自然干燥，而且还要通过干燥窑进行严格的干燥工艺控制。另外，其加工设备不仅需要大量的资金投入，也是能否保证产品加工精度和质量的关键。（见图14）

8.2.2 石材

展示设计中使用的石材主要是指花岗岩、石灰岩和大理石，而这种石材分别属于岩浆岩、沉积岩和变质岩三大岩类，其他的还包括毛石、鹅卵石、雨花石、青石等装饰性的石材。（见图15）

花岗岩是火山爆发所产生的熔岩受到相当大的压力，在熔融状态下隆起至地壳表层所形成的构造岩。商业用花岗岩包括片麻岩，片麻花岗岩、花岗片岩等。根据美国的材料试验协会分类，花岗岩分成普通花岗岩与黑花岗岩两种。普通花岗岩由石英、长石、云石等组成，又因有色矿物而带有黑色或暗绿色。黑花岗岩由斜长石、辉石、橄榄石、角闪石等造岩而成，故黑花岗岩又分成斑粝岩、辉绿岩和玄武岩三种。（见图16）

图12 合成木材应用
图13 三合板材料
图14 大芯板材料
图15 石材的应用
图16 石材作为建筑装饰原料

图13

图14

图15

图16

图12

大理石又称云石，是重结晶的石灰岩，主要成分是$CaCO_3$。石灰岩在高温高压下变软，并在所含矿物质发生变化时重新结晶形成大理石。大理石主要由方解石、石灰石、蛇纹石和白云石组成，其主要成分以碳酸钙为主，约占50%以上。由于大理石一般都含有杂质，而且碳酸钙在大气中受二氧化碳、碳化物、水气的作用，也容易风化和溶蚀，而使表面很快失去光泽。较花岗岩来说大理石质地较为柔软，正因为大理石的质地柔软，所以它也常被用来雕刻成各种艺术装饰品。（见图17）

大理石容易染污，清洁时应少用水，定期以微湿带有温和洗涤剂的布擦拭，然后使用清洁的软布抹干和擦亮。磨损严重的大理石家具难以处理，可使用钢丝绒擦拭，然后使用电动磨光机磨光，使其恢复光泽。或可用液态擦洗剂仔细擦拭，再用柠檬汁或醋清洁污痕，但柠檬停留在上面的时间最好不超过2分钟，必要时可重复操作，然后清洗并弄干。（见图18）

鹅卵石是一种纯天然的石材，它产生于经历过千万年前的地壳运动后由古老河床隆起产生的砂石山中。在数万年的时间变化中，它们不停地被流水和泥沙所冲刷，表面变得非常光滑。鹅卵石主要化学成分是二氧化硅，其次是少量的氧化铁和微量的锰、铜、铝、镁等元素及化合物。（见图19）

它们本身具有不同的色素，如赤红者为铁，蓝者为铜，紫者为锰，黄色半透明为二氧化硅胶体石髓，翡翠色含绿色矿物等等。由于这些色素离子溶入二氧化硅热液中的种类和含量不同，因而呈现出浓淡、深浅变化万千的色彩，使鹅卵石呈现出黑、白、黄、红、墨绿、青灰等色系。（见图20）

毛石是没有成型的石料，处于开采以后的自然状态。它是岩石经爆破后所得的形状不规则的石块。形状不规则的称为乱毛石，有两个大致平行面的称为平毛石。建筑用毛石一般要求石块中部厚度不小于150毫米，长度为300～400毫米，质量约为20～30千克，其强度不宜小于10MPa,软化系数不应小于0.75。它常用于砌筑基础、勒脚、墙身、堤坝、挡土墙等,也可配制片石混凝土等。（见图21）

青石主要是浅灰色厚层鲕状岩和厚层鲕状岩夹中豹皮灰岩。面呈灰色，新鲜面为深灰色鲕状结构，块状构造及条状构造。由鲕粒和胶结构两部分组成，鲕粒约占60%，粒径0.5毫米，鲕粒具有放射状和同心环结构，多为正常鲕和变品鲕，局部见变形鲕，胶接为细晶解面及少量粘土。（见图22）

青石的用途非常广泛，在建筑工业它主要用于制造水泥。在冶金工业炼钢铁时作为碱性溶剂，是黑色和有色冶金的辅助材料。青石还用于广场铺设、建筑装饰、园林、路桥等工程。青石还可以加工成半成品，各类青石荒料、石狮料、拦板料、牌坊料、石板料、墓碑料、道沿石料及异型料等。青石还可以做成雕刻，如各类青石、石狮、石拦板、石牌坊等等。

图17 大理石雕塑
图18 大理石
图19 鹅卵石
图20 雨花石
图21 毛石原料
图22 青石雕塑

图17

图18

图19

图20

图21

图22

8.3 金属和玻璃材料

金属和玻璃是现代工艺品的代表性原料，金属和玻璃材料在极具现代风格的展示设计中应用得非常广泛，例如铝合金支架，大面积的玻璃幕墙等等。除了能够将现代主义风格的建筑和展示体现得淋漓尽致，金属和玻璃所具有的强度、耐火防水的物理特性也是满足建筑规范不可忽视的重要因素之一，其在展示设计当中独特的物理特性还能够发挥增强采光度、坚固建筑结构等效果。

8.3.1 金属材料

铁是最常见的金属材料，通常板材用的厚铁在2~200毫米之间，薄铁一般在1~2毫米之间，分为冷轧黑铁和白铁皮。

冷轧黑铁就是常说的黑铁皮，多用于制作角铁，可以对其进行喷漆。白铁皮的表面有一层冰花一般、闪闪发亮的金属，这种金属就是锌。这层镀锌外皮可以抵挡潮气的侵袭，保护内部的钢铁不受腐蚀。（见图23）

铁也常用于管材制作，常见管材分为无缝管、焊管和薄壁圆管。其中薄壁圆管常用于装饰，最小直径为16毫米。像其他线材、型材、钢筋也都会用到铁材料。

不锈钢也是常见的金属材料，它是由铁、铬还有碳等元素所组合而成的。具有不易生锈、韧性大、强度大的特点。但是它的造价较高，所以常作为装饰辅助材料。（见图24）

铝材及其合金的优良特点是外观好、质轻，可机加工性、物理和力学性能好以及抗腐蚀性好，因此铝及铝合金在很多应用领域中被认为最为经济实用。铝的密度只有2.7g/cm^3，约为钢、铜或黄铜的密度（分别为7.83g/ cm^3，8.93g/ cm^3）的1/3。在大多数环境条件下，包括在空气、水（或盐水）、石油化学和很多化学体系中，铝能显示优良的抗腐蚀性。铝的表面具有高度的反射性。辐射能、可见光、辐射热和电波都能有效地被铝反射，而阳极氧化和深色阳极氧化的表面可以是反射性的，也可以是吸收性的，抛光后的铝在很宽波长范围内具有优良的反射性，因而具有各种装饰用途及具有反射功能性的用途。（见图25）

铝广泛用于各种建筑中，如桥梁、塔楼和储罐等。虽然结构钢型材与板材的基建投资费用较低，但考虑到工程的结构特点、独特的建筑设计、质轻和（或）抗腐蚀性时，铝却是首选。铝可用于桥梁与公路的辅助结构上，如桥梁栏杆、公路护栏、照明标准件、交通指挥塔、交通标志和连接围栏等。铝也普遍用于桥梁结构上，特别是长墩距桥梁或活动桥梁的平衡装置和升桥的施工中。（见图26）

图23 黑铁应用于建筑领域
图24 不锈钢应用于装饰领域
图25 铝材应用
图26 铝材应用于建筑领域

图24

图25

图23

图26

8.3.2 玻璃材料

玻璃具有耐蚀、抗冲刷、易清洗并可拼成花纹图案的特点，适用于防腐、防污及美化需要较高部位的表面装饰。在现代展示中玻璃被大量使用，例如大型的玻璃幕墙，玻璃挡板等等。展示用的玻璃材料主要可以分为白玻璃、钢化玻璃、毛玻璃、压花玻璃、防弹玻璃以及夹胶玻璃等。（见图27）

白玻璃也叫青玻璃，是最为普通的玻璃材料，主要成分是二氧化硅。玻璃质地硬而脆，是一种无色的透明材料。家庭用的窗户多为这种玻璃材料。（见图28）

钢化玻璃是将平板玻璃按产品要求进行切割、磨边、洗涤干燥，然后将其加热到接近玻璃软化温度，又立即急剧冷却而制成的。钢化玻璃表面形成均匀的压应力，内层呈现相应的张力，所以钢化玻璃是一种高强度的安全玻璃。抗弯强度和抗冲击强度是普通玻璃的四倍以上。而且破碎后，其碎片呈颗粒状，提高了产品的使用安全性。钢化玻璃按形状分为平面钢化玻璃和曲面钢化玻璃。平面钢化玻璃厚度有4、5、6、8、10、12、15、19毫米等八种，曲面钢化玻璃厚度有5、6、8毫米等三种。（见图29）

毛玻璃主要是指表面经过特殊处理的具有磨砂、不透明效果的玻璃。最典型的毛玻璃为一面光滑、一面有浮雕花纹。在早期的120相机中常使用毛玻璃来作为光学取景器。（见图30）

压花玻璃又称为花纹玻璃或滚花玻璃，是采用压延方法制造的一种平板玻璃，制造工艺分为单辊法和双辊法。单辊法是将玻璃液浇注到压延成型台上，台面可以用铸铁或铸钢制成，台面或轧辊刻有花纹，轧辊在玻璃液面碾压，制成的压花玻璃再送入退火窑。双辊法生产压花玻璃又分为半连续压延和连续压延两种工艺，玻璃液通过水冷的一对轧辊，随辊子转动向前拉引至退火窑，一般下辊表面有凹凸花纹，上辊是抛光辊，从而制成单面有图案的压花玻璃。压花玻璃的理化性能基本与普通透明平板玻璃相同，仅在光学上具有透光不透明的特点，可使光线柔和，并具有陷丝的屏护作用和一定的装饰效果。压花玻璃适用于建筑的室内间隔，卫生间门窗需要阻断视线的各种场合。（见图31）

图27 玻璃的应用
图28 白玻璃的应用
图29 曲面玻璃的应用
图30 毛玻璃的应用
图31 压花玻璃的应用

图29

图30

图27

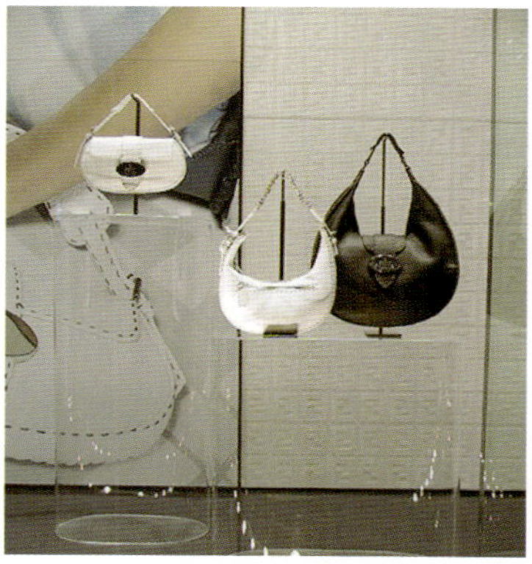

图28

图31

8.4 塑料和合成材料

随着展示设计活动的日益增多，很多展台的设计搭建都需要快速的完成，所以塑料和合成材料这种轻便材料的使用越来越广泛。

8.4.1 塑料材料

常见的阳光板、有机板、亚克力、PVC板等都属于塑料制品。阳光板学名为聚碳酸酯板，是一种高强度、防水、透光、节能的屋面材料。它是以聚碳酸塑料（PC）为原料经热挤出工艺加工成型的透明加筋中空板或实心板。综合性能好，应用范围广泛。（见图32）

有机板的化学名称为聚苯乙烯，密度在1.02~1.08之间，是一种热塑性塑料。透明度比较高（透光率仅次于有机玻璃），具有优良的电绝缘性，高频绝缘性尤佳，质较脆，抗冲击性，耐候性及耐老化性比有机玻璃差，机械加工性质及热加工性质不如有机玻璃，能耐一般的化学腐蚀，化学性质稳定，硬度与有机玻璃相仿，吸水率及热膨胀系数小于有机玻璃，价格比有机玻璃低廉。（见图33）

亚克力是继陶瓷之后能够制造卫生洁具的最好新型材料。作为一种特殊的有机玻璃，亚克力可以用于制造飞机挡风玻璃并在恶劣环境下使用几十年。

与传统的陶瓷材料相比，亚克力除了具有无与伦比的高光亮度外，还有韧性好，不易破损，修复性强，质地柔和，色彩鲜艳等多方面优点。（见图34）

使用亚克力制作台盆、浴缸、坐便器，不仅款式精美，经久耐用，而且具有环保作用，其辐射线与人体自身骨骼的辐射程度相差无几。亚克力洁具最早出现于美国，目前已占据整个国际市场的70%以上。（见图35）

由于亚克力生产难度大、成本高，故市场上有不少质低价廉的代用品，这些代用品也被称为“亚克力”，但其实是普通有机板使或复合板（又称夹心板）。普通有机板使用普通有机玻璃裂解料加色素浇铸而成，表面硬度低，易褪色，用细砂打磨后抛光效果差。复合板只有表面很薄一层亚克力，中间是ABS塑料，使用中受热胀冷缩影响容易脱层。真假亚克力可从板材断面的细微色差和抛光效果中识别。（见图36）

图32 塑材材料的应用
图33 有机板材料
图34 亚克力材料
图35 亚克力材料应用
图36 亚克力灯箱

图34

图32

图35

图33

图36

PVC，主要成份为聚氯乙烯，另外加入其他成分来增强其耐热性，韧性，延展性等。这种表面膜的最上层是漆，中间的主要成分是聚氯乙烯，最下层是背涂粘合剂。它是当今世界上深受喜爱、颇为流行并且也被广泛应用的一种合成材料。它的全球使用量在各种合成材料中高居第二。据统计，仅1995年一年，PVC在欧洲的生产量就有五百万吨左右，而其消费量则为五百三十万吨。在德国，PVC的生产量和消费量平均为一百四十万吨。PVC正以4%的增长速度在全世界范围内得到生产和应用。近年来PVC 在东南亚的增长速度尤为显著，这要归功于东南亚各国都在进行基础设施建设的迫切需求。在可以生产三维表面膜的材料中，PVC是最适合的材料。（见图37）

PVC之所以能被广泛地应用于建材行业，有两点很重要的原因。一是PVC独特的性能，防雨、耐火、抗静电、易成型，二是PVC低投入高产量的特点。PVC的生产工艺并不复杂，普通的生产线一般由滚压机、印刷机、背涂机（见图38）和切割机组成。通过滚压机的直动搅拌，滚轴旋转以及高温滚压可生产出厚度仅为0.3毫米~0.7毫米的薄膜，生产的同时通过印刷机在膜的正面印上花色，通过背涂机在膜的背面附上一层背涂。背涂由特殊材料组成，是一种高能亲和剂。正是由于这层背涂，PVC薄膜才能紧紧地和中密板或其它板材融合在一起，十年甚至十五年不开胶。而普通贴面膜最大问题就是无法解决膜的脱落。由于整套生产过程都是在高温下（滚压机内温度达到220度）进行的，这就使PVC膜具有高抗光性和耐火性，从而保证了PVC膜的高质量。（见图39）

其实在建筑装饰行业中常常用到的PVC管，并且大家所熟悉的室内下水管道使用的就是PVC管。

图37 PVC薄膜
图38 生产PVC的背涂机
图39 PVC管
图40 合成原材料
图41 合成材料应用

图37

图38

图39

8.4.2 合成材料

像金属玻璃等这些材料都属于原材料，合成材料又称人造材料，是人为地把不同物质经化学方法或聚合作用加工而成的材料。现在世界上最主要的三大合成材料分别是合成塑料、合成纤维和合成橡胶。它们是以石油、天然气、煤和农副产品为主要原料，先制成单体，通过加聚或缩聚反应，生成高聚物（称为合成树脂），再加入添加剂（如强固剂、填充剂、增塑剂、发泡剂、稳定剂、色料等）而成。它们是用人工方法由低分子化合物合成的高分子化合物，又叫高聚物，相对分子量可在10000以上。天然高聚物有淀粉、纤维素、天然橡胶和蛋白质等。三大合成材料则是人工合成的高聚物。高聚物正在越来越多地取代金属，成为现代社会使用的重要材料。（见图40~图41）

图40

图41

铝塑板是展示设计中常用的一种合成材料，它是由多层材料复合而成。上下层为高纯度铝合金板，中间为无毒低密度聚乙烯（PE）芯板，其正面还粘贴一层保护膜。对于室外，铝塑板正面涂覆氟碳树脂（PVDF）涂层，对于室内，其正面可采用非氟碳树脂涂层。

铝塑板是易于加工、成型的合成材料，更是为追求效率、争取时间的优良产品，它能缩短工期、降低成本。铝塑板可以切割、裁切、开槽、带锯、钻孔、加工埋头，也可以冷弯、冷折、冷轧，还可以进行铆接、螺丝连接或胶合粘接等各种处理。（见图42）

铝塑板产生变色、脱色现象，主要是由于板材选用不当造成的。铝塑板分为室内用板和室外用板，两种板材的表面涂层不同，决定了其适用的不同场合。室内所用的板材，其表面一般喷涂树脂涂层，这种涂层适应不了室外恶劣的自然环境，如果用在了室外，自然会加速其老化过程，引起了变色脱色现象。室外铝塑板的表面涂层一般选用抗老化、抗紫外线能力较强的聚氟弹脂涂层，这种板材的价格昂贵。有些施工单位欺骗业主，以室内用的板材冒充抗老化、抗腐蚀的优质氟碳板材，榨取不合理的利润，因而造成工程上所用的铝板出现严重的变色、脱色现象。（见图43）

防火板又名耐火板，也是一种常用的合成材料，原名为热固性树脂浸渍纸高压装饰层积板，英文缩写为HPL，是表面装饰用耐火建材的一种。它有丰富的表面色彩、花纹以及特殊的物性及方便加工性，广泛用于室内装饰的表面材料。（见图44）

防火板是原纸经过三聚氰胺树脂与酚醛树脂加工而成的，其主要物理性质是由树脂特性展现出来。三聚氰胺树脂热固成型后有光泽佳、透明性好、表面硬度高、耐磨、耐高温、耐撞击、表面毛细孔小不易被污染、耐药品性、耐水性、耐溶剂性、耐焰性等性能，而且其机械强度、电绝缘性、耐电弧性良好及不易老化。酚醛树脂热固成型后有耐热与硬质等性能。两种树脂组合后，防火板兼具了两者的优秀性能。（见图45）

图42

图43

8.5 涂料和喷绘材料

涂料是展示设计中占比重很大的一个部分，现代展示设计越来越注重装饰材料外饰的彩色、质地、美观实用性和健康环保保证。油漆和涂料是其中备受关注的焦点。

展示设计中还会经常使用到大型的喷绘以及各种类型的纺织品。例如背景展示墙，装饰挂布等等。

网格布、车身贴、数码喷绘布、单面透视贴、喷绘墨水及清洗液、灯箱招牌布等这些都属于喷绘材料。

图42 铝塑板原料
图43 铝塑板的应用
图44 防火板原料
图45 防火板的应用

图44

图45

8.5.1 涂料的种类

油漆的种类繁多，如果按照使用部位来说可以分为墙漆、木器漆、金属漆和阻燃涂料。墙漆包括外墙漆、内墙漆和顶面漆，主要是乳胶漆等品种。木器漆主要有硝基漆、聚氨酯漆等。金属漆主要是磁漆。如果按照状态来划分可以分为水性漆和油性漆。

乳胶漆是主要的水性漆，而硝漆、聚氨酯漆等多属于油性漆。阻燃的防火涂料主要分为饰面防火涂料、木材防火涂料和钢结构防火涂料。（见图46）乳胶漆是乳胶涂料的俗称，是目前比较流行的内外墙建筑涂料。乳胶漆又称为合成树脂乳液涂料，是有机涂料的一种，是以合成树脂乳液为基料加入颜料、填料及各种助剂配制而成的一类水性涂料。根据生产原料的不同，乳胶漆主要有聚醋酸乙烯乳胶漆、乙丙乳胶漆、纯丙烯酸乳胶漆、苯丙乳胶漆等品种。根据产品适用环境的不同，可分为内墙乳胶漆和外墙乳胶漆两种。根据装饰 的光泽效果又可分为无光、哑光、半光、丝光和有光等类型。

由于乳胶漆以水为分散介质，所以不容易对环境造成污染，安全无毒，而且施工方便。消费者可以自己动手进行刷涂或辊涂施工，施工工具使用完毕后可以直接用水清洗干净。乳胶漆的维修非常简便，需要改变色彩只需在原涂层上稍作处理，即可涂刷新的乳胶漆。（见图47）

木器漆顾名思义是用于木制品上的一类树脂漆，有聚酯、聚氨酯漆等，可分为水性和油性。水性木器漆以水为载体，通过产品内部各组份的交联，反应成膜。它避免了油性漆在装潢中及搬迁后由于残留有毒溶剂的缓慢挥发而对人体造成的伤害，同时又达到了油性漆的性能。油性木器漆涂膜平整、光亮丰满、干燥快、硬度高、耐磨性好，对木材及水泥底材附着力强，不怕烟烫。（见图48）

金属漆，又叫金属闪光漆，在它的漆基中加有微细的铝粒金属粉末。光线射到铝粒上后，又被铝粒透过气膜反射出来。因此，看上去好像金属在闪闪发光一样。这种金属闪光漆，给人们一种愉悦、轻快、新颖的感觉，所以现在十分普遍。改变铝粒的形状和大小，就可以控制金属闪光漆膜的闪光度。金属漆被普遍用于汽车及钣件表面，也常见于一些古典建筑的外部装饰。（见图49）

清漆俗称“凡立水”，是不含着色物质的一种透明涂料，主要成分是树脂和溶剂或树脂、油和溶剂。涂于物体表面后，形成具有保护、装饰和特殊性能的涂膜，清漆的涂膜是透明的。清漆分为热固性清漆和热塑性清漆两类，用于家具、地板、门窗及汽车等的涂装，也可加入颜料制成瓷漆，或加入染料制成有色清漆。（见图50）

图46 各种类型的涂料
图47 乳胶漆的应用
图48 木器漆的应用
图49 金属漆的应用
图50 清漆的应用

图46

图47

图48

图49

图50

8.5.2 使用油漆的注意事项

油漆施工主要是对木质表面的饰面处理，如木吊顶、木墙裙、木装饰线、木家具、木地板等表面涂饰。在油漆的透明涂饰和不透明涂饰过程中，往往会因操作不当使漆膜产生缺陷。（见图51）

1）漆膜泛白（俗称发白）

硝基清漆在阴雨天、潮湿季节进行涂饰施工时，常会发生泛白现象。涂层泛白后，就形成一种不透明或半透明的乳白色雾层。色漆涂层泛白后，会使色漆失去鲜艳的色彩。

室内必须保持适当的干燥，雨天应关上门窗施工，若温度无法控制，可在油漆中加适量防潮剂，一般在香蕉水中加入10%~20%丁醇防潮剂。另外可用烤灯烘烤发白处，待泛白漆膜水分完全蒸发掉后，再涂一层加防潮剂的涂料即可。（见图52）

2）色花

如果色漆由两种或两种以上不同色漆调合而成，涂饰漆膜可能会产生颜色不均匀的现象。在刷漆前用木棒将漆搅匀，刷时如发现漆膜有不均匀的情况，可先将漆刷蘸取一些均匀油漆再对漆膜不均匀处进行涂刷，随刷随改，要适当地多顺理刷涂几次。

3）斑点（俗称发笑）

涂刷头道漆后，如果漆膜太光滑，或上面有水气、灰尘、油腻等，可使后道刷涂的漆膜在局部地方无法粘附，形成斑斑点点的现象。防治的方法是等头道漆干燥后，先用肥皂擦去表面的油污，再用细木砂纸轻轻打磨并擦净表面，待干后再刷涂油漆。

4）咬底（俗称咬起）

咬底影响涂层间附着力，使漆膜移位，厚度不均，甚至在漆饰表面出现凹痕的现象。主要是因为前道工序形成的漆膜承受不了后道工序涂料中所用溶剂的浸蚀。（见图53）

5）起皱（俗称皱皮）

是漆膜产生许多曲折、高低不平的现象，主要因为漆膜表干内不干所致，或者是涂层太厚、漆膜粘度太大以及阳光曝晒导致的表干内不干。常用的措施是让涂料粘度适当，每层漆膜不宜过厚，漆刷毛不要太长太软，同时避免阳光直射和强风吹拂。

6）流挂

在上漆涂抹液态材料的时候，在垂直表面或垂直表面与水平表面相接（棱角）处，很容易出现由于涂料的流动而导致液体重复堆积，形成流挂处漆膜比其他表面漆膜厚的现象。这个原因大多是由于漆释过度和一次刷漆量过多所致。相应的对策为涂刷时，把握涂层厚度，涂刷迅速均匀。若发现局部流挂，立即用刷子理匀，去掉多余的油漆，刷子硬度要适当，刷毛不要太长太软。（见图54）

7）表面颗粒

表面颗粒现象是由于表面及基层清理不彻底，有灰尘或施工不干净，灰尘落于未固化的油漆表面。或是油漆未经过滤，自身沉淀，杂质所导致的墙面出现分布不均匀的小窟窿现象。为避免漆膜出现表面颗粒，要保持室内洁净、无灰尘，盛漆的漆桶、刷子要干净。若出现表面颗粒，可用砂纸打磨墙体后对墙体再刷一遍油漆，就能避免表面颗粒的现象。（见图55）

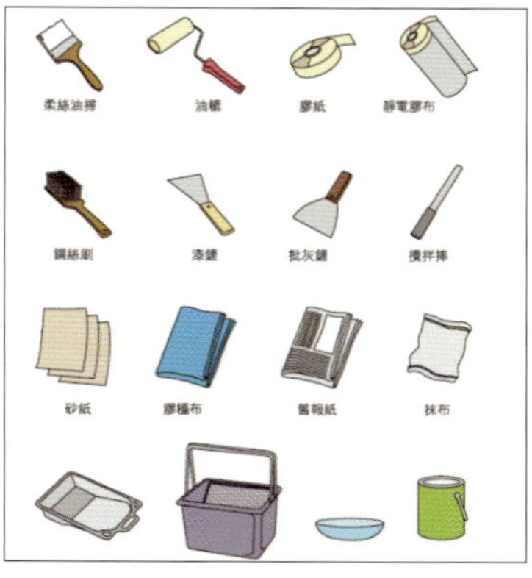

图51

图51 油漆施工需要的工具
图52 墙体发白现象
图53 涂料咬底现象
图54 流挂现象
图55 表面颗粒现象

图52

图53

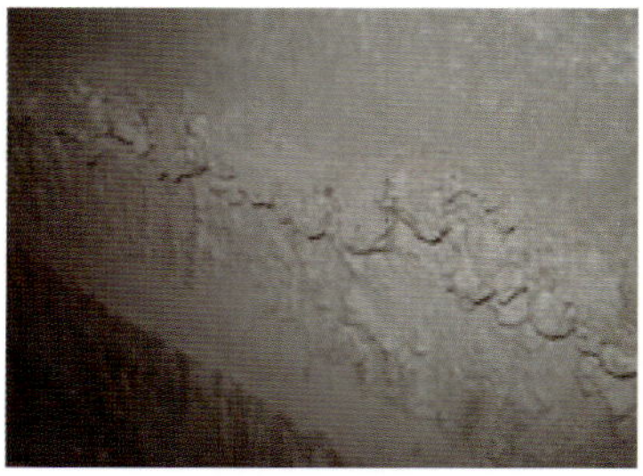

图54

图55

8.5.3 网格布

网格布是玻璃纤维经编织后，采用涂覆材料进行表面处理的格栅状编织物。日常生活中的蚊帐，纱窗之类的就属于网格布，喷绘用的网格布孔目要更小。（见图56）

8.5.4 喷绘布

喷绘布有两种生产方式。一种是刀刮式,另一种是贴合式。刀刮式是在玻璃纤维布上刮上PVC材料，贴合式是把PVC材料贴合在玻璃纤维布上。质量好的喷绘布会用织数高的玻璃纤维布。两种布比较，刀刮布强度更高，适合做宽幅。贴合布的强度要差些。

如果喷绘布料丝的强度不够、编制结构不好的话，在风沙或其他外界因素的组合作用下，布料的外表面也可能会出现损坏、撕破或变形等问题，PVC也可能从基布上剥离。因此，广告喷绘布的选择，便起到了举足轻重的作用。

在如今的喷绘广告市场中，存在着各种不同类型的喷绘布料。低价位的压延布，质量较好、价位较低的滚轮涂层布，而金字塔的顶尖部位则是刀刮涂层布。刀刮涂层技术具有稳定广告效果，向消费者传递有效信息的卓越特点。

不同质量等级的喷绘布，来源于不同的原材料。如丝的厚度、是否为高强度丝，都是很重要的因素。PVC的制作方式也多种多样，其中各化学元素含量的差异，也会影响到布料的抗紫外线性能，防霉性能以及热变形等。在PVC涂层上，涂覆辅助性透明亚克力涂层，也是其中一个选择，它可以起到保护PVC涂层的作用。（见图57）

8.5.5 灯箱招牌布

灯箱布（外打灯和内打灯系列）具有卓越的透光性和白色度,它可以使灯箱广告始终维持一定的亮度。灯箱布具有很好的耐化学性,利用特殊的工艺处理使产品具有防紫外线、防止增塑剂渗出、防止装饰材料从表面分离、防止变色和清洗方便的特性。灯箱布具有优良的机械特性，表面平滑柔软，各种制作方式均可得到优良的效果。由双方向高强力低收缩多元酯纤维经编而成，具有卓越的抗张力与耐冲击性，使设置在大厦顶部的广告招牌在任何气候环境或外来冲击下都会保持原状。稳定性与附着力强，可以延长产品的寿命。高拉伸强度与弹性使具有易操作性。灯箱布具有优良的耐候性，使其无论在多恶劣的气候环境下也能保持原有的特性，这些特性已经由实习试验及实际生产经验得到证实。另外，灯箱布具有理想和经济的价位，可节省广告制作费用。（见图58~图59）

图56 网格布原料
图57 喷绘布的应用
图58 灯箱招牌一
图59 灯箱招牌二

图56

图57

图59

图58

8.5.6 喷绘墨水

喷绘墨水是一种特殊的带颜色胶体，它的作用就是在纸张或者灯箱布等底材上记录图案。墨水的三种主要组成成分包括着色剂（颜料），交联料（树脂）和溶剂。包括溶剂的墨水混合物喷印在底材上，随着溶剂的挥发，交联料将着色剂（颜料）和底材牢固地结合从而形成图案。（见图60）

数码喷绘墨水可以分为水性和溶剂性两种。按溶剂来分，可以分为水基性和非水基性墨水。水基性墨水按色料分类可分为颜料型、染料型和升华墨水。非水基性墨水可以分为油性颜料墨水、溶剂型的颜料墨水。从化学的角度来看，油也是溶剂之一。我们将其统称为非水基性墨水。此外，还有一种现在国内很少使用的紫外光固化墨水。（见图61）

喷墨墨水大概可以分为以下这六个种类。

（1）水基性染料墨水

优点在于颜色鲜艳，因为它由水构成，水份挥发后对环境没有危害，比较环保。缺点是很容易褪色，一般只用于室内。（见图62）

（2）颜料墨水

优点是耐光性好，缺点是颜色比较暗。

（3）水性升华墨水

优点在于可以转印到不同的介质上，不单是纸张上，还包括陶瓷、玻璃类，很多不同的介质都可以进行转印过去。缺点是操作程序比较复杂且价格较高。

（4）油溶性墨水

油溶性墨水是用颜料制成的，优点是无味、耐光性好，缺点是价格昂贵，而且必须打印在有涂层的介质上。（见图63）

（5）溶剂性墨水

由于是颜料性的，所以其优点是耐光性、防水性好，而且可以打印在任何介质上。缺点是这种墨水本身使用的油基是易燃性的危险品，具有强烈的味道，对人体有一定的危害。

（6）紫外光固化墨水

该墨水本身不含挥发性的溶剂，而且固化以后耐光性、防水性都很好，所以适用于印刷行业。缺点是没有固化以前，它的一些单体很容易引起个别人群的过敏反应。（见图64）

图60 喷绘墨水
图61 数码喷绘打印机
图62 水基性墨水
图63 油溶性墨水的应用效果
图64 紫外光固化墨水

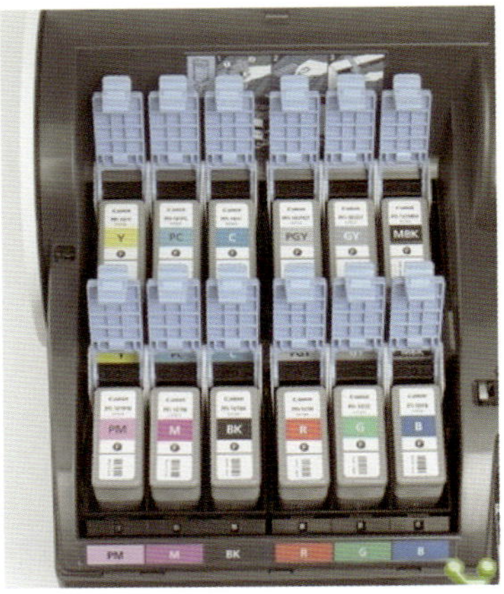

图60

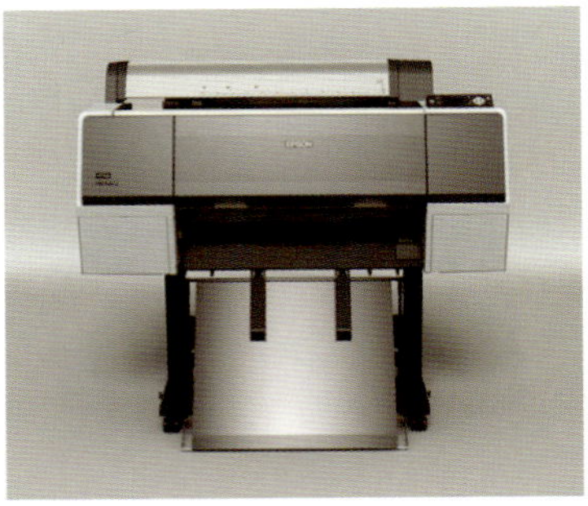

图61

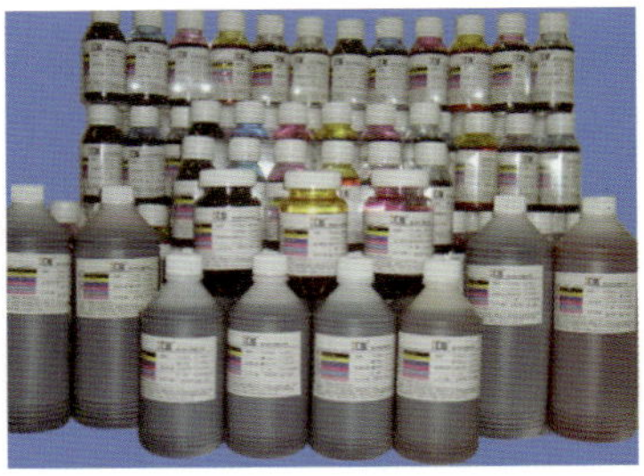

图62

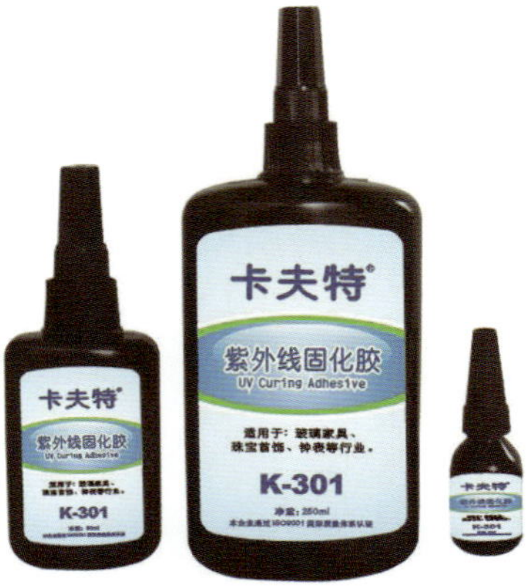

图64

图63

8.6 高科技新型材料

随着科技的不断发展，越来越多的新型材料出现在人们的视野中，这些新型材料更多地体现出环保、人性化、耐用等诸多优点。（见图65）

8.6.1 包膜钛白

钛白粉学名二氧化钛，分子量为79.88，是一种白色无机颜料，具有无毒、不透明性好、最佳白度和光亮度等优点，被认为是目前世界上性能最好的一种白色颜料。它广泛应用于涂料、塑料、造纸、印刷油墨、化纤、橡胶、陶瓷、化妆品及食品添加和医药等工业。

钛白粉有两种主要结晶形态，锐钛型（Anatase），简称A型，金红石型(Rutile)，简称R型。涂料工业是钛白粉的第一大用户，特别是金红石型钛白粉，大部分被涂料工业所消耗，约占钛白粉消费的50%以上。使用钛白粉制造的涂料，色彩鲜艳，遮盖力高，着色力强，用量省，品种多，对介质的物理稳定性可起到保护作用，并能增强漆膜的机械强度和附着力，防止裂纹，可有效防止紫外线和水分透过，延长漆膜寿命。

我国有世界上第一大制造钛白原料的钛体矿储量，但目前国内大多采用湿化法生产钛白，由于生产工艺中使用大量污染严重的硫酸磺，所以很难打入国际市场。区别于目前国内使用的湿化法，干化法生产钛白的最大优点是无污染，不使用硫酸磺，投入的原料即等于产出成品，不存在废水和废弃物的排放问题。（见图66）

8.6.2 高密度复合材料

新型高密度复合材料，其主要工艺原理是以稻草、麦秸、棉花杆、玉米杆、甘蔗渣、竹屑、芦苇杆、木屑等农业废弃物为原料，以聚乙烯、聚丙烯及其废弃物，如饮料瓶、或塑料薄膜、塑料制品的城市废弃物（白色垃圾）等作粘合材料，并加入一定量的添加剂等，在一定工艺条件下合成。这一最新成果被联合国工业发展组织（UNIDO）誉为〝21世纪新材料〞。（见图67）

它的特点是不使用木材，可以保护生态环境，缓解了实行天然林保护后木材缺乏的问题。利用废弃物，使得物尽其用，节约能源，保护环境。无毒无害，没有尿素和甲醛的成份，不会对人体产生危害。产品密度高，强度好，木材、刨花板、中密度板等均易受到厌氧菌、霉菌、甲虫、白蚁、蛀虫等生物的侵害和海水的腐蚀，而该工艺生产的板、型材均不受以上生物的侵害。吸水率低，也不受海水的腐蚀。属于无三废工艺，可多次回收废料并反复利用，节约并降低成本。产品具有很强的可塑性，可根据用户需要替换不同的模具或模板，直接生产出符合要求的板材和型材，具有极大的市场价值。防火性能好，有良好的阻燃性能。

图65 新型钢材
图66 包膜钛白
图67 高密度复合材料的应用
图68 纳米材料

图65

8.6.3 纳米材料

纳米是英文namometer的译音，是一个物理学上的度量单位，1纳米是1米的十亿分之一，相当于45个原子排列起来的长度，相当于头发丝粗细的十万分之一。就像毫米、微米一样，纳米本是一个尺度概念，并没有物理内涵。当物质到达纳米尺度以后，大约是在1~100纳米这个范围空间，物质的性能就会发生突变，出现特殊性能。这种既不同于原来组成的原子、分子，也不同于宏观物质的特殊性能构成的材料，即为纳米材料。（见图68）

图66

图67

图68

纳米材料和纳米结构是当今新材料研究领域中最富有活力、对未来经济和社会发展有着十分重要影响的研究对象，也是纳米科技中最为活跃、最接近应用的重要组成部分。近年来，纳米材料和纳米结构取得了引人注目的成就。例如，存储密度达到每平方厘米400克的磁性纳米棒阵列的量子磁盘，成本低廉、发光频段可调的高效纳米阵列激光器，价格低廉高能量转化的纳米结构太阳能电池和热电转化元件，用作轨道炮道轨的耐烧蚀高强高韧纳米复合材料等的问世，充分显示了它在国民经济新型支柱产业和高技术领域应用的巨大潜力。正像美国科学家估计的那样“这种人们肉眼看不见的极微小的物质很可能给予各个领域带来一场革命”。纳米材料和纳米结构的应用将对如何调整国民经济支柱产业的布局、设计新产品、形成新的产业及为传统产业注入高科技含量提供新的机遇。

据测算，到21世纪30年代，汽车上40%的钢铁和金属材料会被轻质高强材料所代替，这样可以节省汽油40%，减少二氧化碳排放40%，这一项每年就可给美国创造社会效益1000亿美元。纳米材料还有改进各种功能材料的作用，如玻璃透明度好但份量重，使用纳米改进它可以使其变轻，让它不仅具有力学性能，而且还具有光的变色、贮光，反射各种紫外线、红外线，光的吸收、贮藏等功能。（见图69）

图69

8.6.4 环保装饰材料

（1）环保地材

植草砖既可以形成一定覆盖率的草地，作为绿地的一种改善环境，又可用作“硬”地使用，可谓软硬兼得，绿化与使用两不误。为此植草砖近年来被大量使用，特别是用于室外停车场地面铺装。植草路面砖是各色多孔铺路产品中的一种，采用再生高密度聚乙烯制成，可减少暴雨径流，减少地表水污染，并能排走地面水，多用在公共设施中。（图70）

（2）环保墙材

环保墙材是新开发的一种加气混凝土砌砖，可以用木工工具切割成型，然后用一层薄沙浆砌筑，在表面用特殊拉毛浆粉面，能够具有阻热蓄能的效果。（见图71）

（3）环保墙饰

草墙纸、麻墙纸、纱绸墙布等产品，具有保湿、驱虫、保健等多种功能。防霉墙纸经过化学处理，排除了墙纸在空气潮湿或室内外温差大时出现的发霉、发泡、滋生霉菌等现象，而且表面柔和，透气性好。

（4）环保管材

塑料金属复合管，是替代金属管材的高科技产品，其内外两层均为高密度聚乙烯材料，中间为铝，兼有塑料与金属的优良性能，而且不生锈，无污染。（见图72）

（5）环保漆料

生物乳胶漆，除了施工简便的特点以外，还有多种颜色可供选择，能给家居带来缤纷的色彩。涂刷后会散发阵阵清香，如果对漆面或颜色不满意，还可以重刷或用清洁剂进行处理，它还能抑制墙体内的霉菌。（见图73）

图69 纳米材料的应用
图70 环保地材
图71 环保墙材
图72 环保管材
图73 环保漆的应用

图70

图71

图72

图73

教学实例 项目名称：展示设计材料应用

1. 商场材料设计方案

本章将通过几个展示场景的分析，向读者讲解材料在展示设计中的具体应用。

如图74为某商场中的服饰橱窗，首先为达到展柜信息传达最大化的目的，该设计将橱窗的三个面选用为全透明玻璃，背面则选用乳白色墙面贴纸进行衬托，使展柜中的模特和衣料更加直观地呈现在参观者面前。两侧的毛玻璃起到了一定的装饰作用，底面的红色地毯与背景形成了明显的对比，综合来看该展柜所选用的材料基本符合其功能需求，但整体的美观性稍微不足，展示效果不够震撼，材质的选用可以更加大胆。（见图74）

如图75所示为商场的宣传文化墙，由于在商场内部，为了保证宣传文化墙能最大化的展示，该设计使用了大面积的透明玻璃幕墙，然后在幕墙上悬挂四块硬质塑料质感，使用喷绘板制作展示产品的形象广告。其中的第一个塑料板是被放大的MP3的造型，另外的三块分别被覆盖了形象的宣传画，塑料板的光滑质地和实体产品一致，现代材料也符合电子产品的定位。通过透明的玻璃和色彩鲜艳的喷绘广告形成的强烈对比，更容易吸引商场中的顾客。（见图75）

如图76所示为一个商场中的休息区域，该区域的地面采用了抛光的白色大理石地砖，这种材料在商业卖场中最为常见，主要的好处是利于清扫，反射效果强，能较好地体现出商场内的灯光效果。背景墙使用了较多的玻璃组合成一个装有射灯装饰背景。并且在上面镶嵌了几个复合塑料材质的隔板用于修饰墙面，充分起到美观的装饰作用。（见图76）

图74

图75

图76

2. 汽车展厅材料设计方案

右图为标志汽车展厅设计方案的多角度效果图，从效果图中可以观察到该展厅应用的主要设计材料为木材、石材、金属、塑料以及各种灯箱、涂料和新型材料。随着展览经济的蓬勃发展，其产品特性和性能也得到了不断的完善拓展，各类新材料、新构思的层出，使得展示设计效果得到淋漓尽致的发挥，展览理念也逐步得到了更新。（见图77）

从右图可以清楚地观察到展厅类装饰路灯的应用效果，这种装饰路灯的主要结构是金属和塑料，所以不仅轻便，而且易于安装。灯底座由金属材料制成，易于固定，主体则由金属支架与半透明彩色塑料构成空心柱体，在空心柱体中放置柔和的光源，光线通过塑料过滤成彩色的光线，使装饰路灯引人注目。路灯的主要照明光源则安装在顶部，使用涂有黑漆的塑料筒灯，并垂直向下照明。采用玻璃材质能自身构成展示空间的特性来搭建灯箱部分，在视觉上能够达到通透明快的感觉。（见图78）

右图为标志汽车展厅的另一观察角度效果图，通过该效果图可看到接待台的应用效果。接待台的主体被设计制作成灯箱效果，通过金属支架围出接待台的大小范围，然后在金属支架上安插白色半透明发光复合材料，这种复合材料将在较暗的环境中发柔和的光线。接待台表面则通过网格布贴上汽车公司的LOGO，接待台桌面采用高密度复合材料，这种材料类似塑料，但比塑料硬度更高，成本更低。（见图79）

图77

图78

图79

设计点评

通过上面内容的讲解，读者应该对展示设计有了一个比较全面的认识和了解，下面将对一些展示设计习作进行点评。

图80点评

该设计为一个大厅入口处的展示设计，大厅入口处的门采用了浅色的木材，门上的玻璃采用的是打磨过的带有字母图案的玻璃。大厅的地面使用了浅灰色的大理石地砖，两侧的展示橱窗外侧使用了整块玻璃幕墙，橱窗内使用的仍然是和大厅的门相同的木质材料。（见图80）

图80

图81点评

该设计为一个小型的空间展示设计案例，该方案以白色的基调为主。该场景主要采用的是轻型环保材料，以着重体现简洁舒适的现代风格。

在靠近楼梯部位使用了完全透明的青玻璃作为挡板，整个场景被一个弧形的屏风包裹起来。从图中可以看出该弧形屏风的支架使用了白色的铝塑管，并且屏风采用了一种白色半透明并且具有一定磨砂效果的塑料材质。从该图中可以看出现代展示设计正在逐渐朝着环保、节能、简洁易用等更加人性化的方向发展。（见图81）

图81

图82点评

该设计为某商场的前庭区域，在通往前庭道路上摆放金属材料门柱，模拟出门的感觉，将前庭与外部通道自然地分隔开。柱顶摆放塑料材质制成的花盘，花盘装饰与休息区域的树相映成趣。宽阔的前厅悬吊两片塑料框架模仿木制框架，与下面摆放的木制座椅相呼应，从而营造出自然清新的氛围。（见图82）

图82

课后练习

策划一个服装卖场的橱窗展示设计。

创意思路

由于是服装卖场的橱窗，因此首先需要考虑的是玻璃幕墙的材料，由于是橱窗展示需要展示模特的衣服样式，所以应该选用透明度较高的玻璃材料。并且还要考虑到服装展示橱窗一般都是位于店面的最外侧临近街面，这样类型的橱窗可能会没有防护措施，所以还应当采用抗撞击强度较高的玻璃材料。这里建议使用钢化玻璃，一是其硬度较高，抗撞抗压能力比较强。二是钢化玻璃在破碎后会形成颗粒状，这样能够充分考虑到材料的使用安全性。

在内部背景材料的选择上，首先需要考虑到的就是材料质地轻便并且易于拆卸，这样能够根据所展示服装的造型随时方便地更换背景。另外橱窗内部的设计要尽量采用一些简单大气的结构造型，一个是简单的大块面造型，这样对于路过的行人在短暂的停留中，能够产生较强的视觉冲击力，二是简单的造型比较便于后期的清洁。（见图83）

图83

如右图中的背景设计就采用了几个简单的几何球体，看起来非常具有时尚气息，同时也和所展示的儿童服装保持了一致的风格。（见图84）

图84

服装展示橱窗的背景一般选用的是比较淡的色调，因为需要主要突出的是服饰。如果选用太鲜艳的背景色调就会喧宾夺主，背景墙可以是复合板材，也可以是刷了乳胶漆的墙面。该设计的背景采用了白色的色调，在中间位置制作了一个浅蓝色的艺术创意，使整个橱窗看起来更具有视觉效果。（见图85~图86）

图86

图85

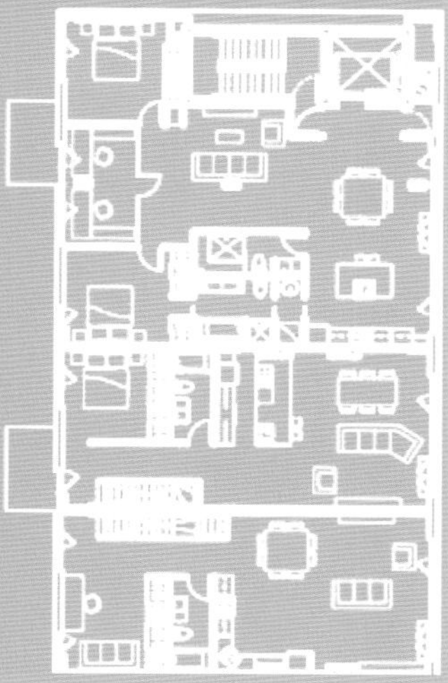

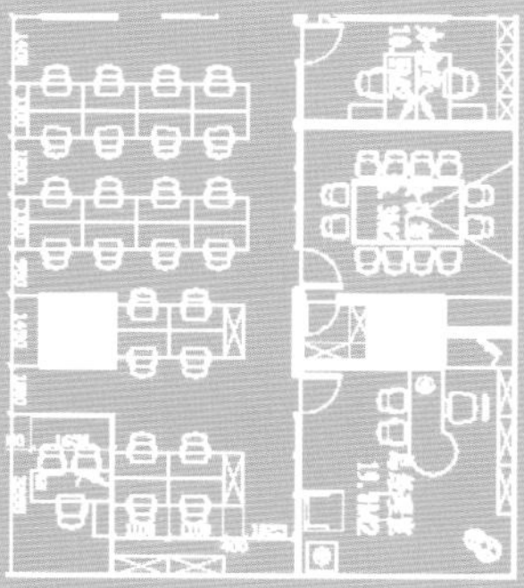

第9章
展示设计的施工管理与规范

课题概述 ……………………………………………

本章主要介绍了施工的工程组织、施工的安全隐患、材料的控制和应用、配套设施的管理方法以及各种施工规范。

教学目标 ……………………………………………

通过学习，了解展示设计的施工规范，并掌握如何进行施工管理。

章节重点 ……………………………………………

了解施工组织与现场监理、施工质量与安全隐患、各种施工规范。

9.1 工程施工与管理

当一个展示项目确定实施以后，需要制定详细的时间表、工程实施总体计划，并组织人员，明确分工、执行、控制、结束、展后处理等工作。这些工作都必须根据相应的管理措施与组织规范进行，否则很难保证施工的时间进度与质量保证。

每一个展示项目都具有自身的独特性，设计师不仅要完成项目的设计方案，同时需要参与施工阶段，对施工进行管理和组织，以确保项目的实施不会偏离设计意图。（见图1）

9.1.1 施工组织与现场监理

在施工现场中，设计师应该亲自监理施工过程，确保施工的正确性和准确性，发现潜在问题并制定出调整和解决方案。

（1）工程组织

工程组织主要是人员组织协调，使不同工种有序协调地配合工作，同时协调展馆、甲方、施工方的关系，保证工程顺利进行。（见图2）

（2）现场监理

现场监理工作，设计师要起到主导作用，对所有入场人员要明确展场使用规则、搭建或拆除的日程进度等。特别是以下几点需要注意。

1）入场空间

入场时通常需要一定的无障碍空间，包括标准通道和主通道。使用的材料也必须符合国家和地方消防安全法规所定的非易燃物，且燃烧扩散率也要达到相应的等级。

2）承重设施

在一般情况下，每平米的地面承重为2.5吨，如展示物操作演示有垂直地面的应控制在1.7吨左右。

3）设备器材

器材、管材的安全耐压须为15千克/平方厘米，管口连接应采用喉箍紧固，不得用铁丝或其他物品绑扎。（见图3）

4）消防安全

了解消防栓和灭火器的设位、悬挂物的吊高标准、油漆和胶粘剂的使用方法以及电器工具、电器设备的安装使用，同时还得保证灯具的亮度和散热。（见图4~图5）

图1 工程施工现场
图2 工程人员组织
图3 设备器材
图4 安装消防设施
图5 检查电路

图1

图2

图3

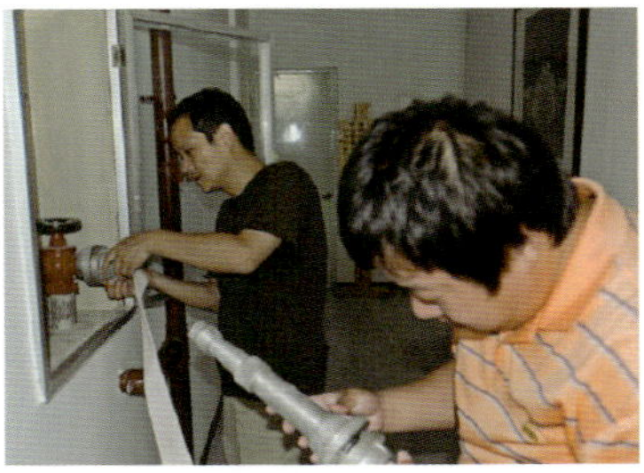

图4

图5

现场监理的内容比较繁杂，除质量控制外的所有突发事件都需要监理人员现场解决。及时发现、快速解决是现场监理的目标，而这一切都需要以展场的规章制度为参照标准，包括如布展须知、施工要求演示操作管理、消防管理、清洁卫生及垃圾管理等，特别是展场的搭建和拆除工程。（见图6）

搭建通常在开展前的半天或一周内完成，拆除则通常在展会结束后开展，拆除时间应比搭建时间短。

搭建过程中，展示用材、展示道具、装饰品等都要同时运送到现场，然后从大型展位开始安装，接下来是中心岛状展位、小型展位、靠墙展位、通道口装饰区域等。（见图7）

展位区域也应按设计要求在地面上画粉定位、树立展架以及预埋照明位置等，之后搭展台、安插墙面，最后再布置各种展品并清除垃圾。为保证展品的安全，大多数情况都会对布置现场进行清场，并拉上封条禁止无关人员入内。

拆除工作可按照搭建的顺序逆向拆除，所有展位的拆除进度都由场地负责人统一调度，拆除过程中需要注意各展位应用的电源和其他设施的电源是否切断。（见图8）

9.1.2 施工质量与安全隐患管理

由于展示行业多有临时性、短期性的特点，布展、展出、撤展时间都有限制，所以搭建施工常常表现出突击性。再加上展场活动一般在人员较集中的场馆举行，因此必须高度重视展示活动各类设施的安全性和可靠性，防止各类事故的发生。（见图9）

在布展过程中，如果展位布局不合理、设计结构不合理或是材料使用不合理都会导致安全隐患的存在，如展台结构不合理会导致展台坍塌，电器布置不当会引发用电事故或火灾。

安全通道堵塞或安全门无法正常开启时，布展时应留有足够宽度的安全通道，且通道要顺直，避免弯曲转折。同一通道不宜出现宽与高的差别，通道应形成双向相疏散功能，并尽量环行，同时展位不应影响消防设施功能的正常发挥。（见图10）

图6 展厅说明图纸
图7 搭建现场
图8 拆除现场
图9 搭建过程
图10 安全通道

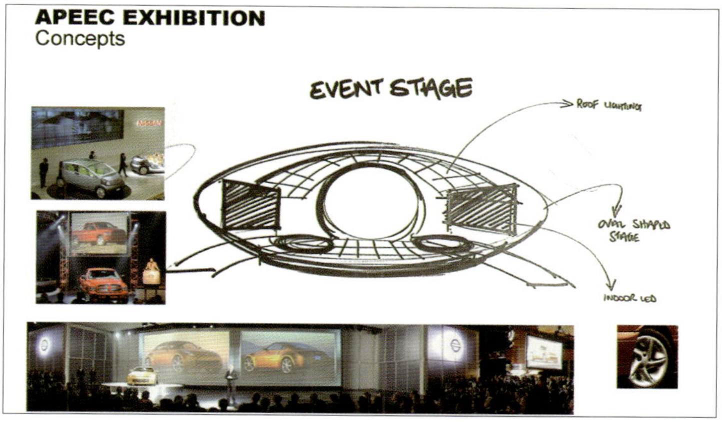

图6

图7

图8

图9

图10

9.1.3 材料控制管理

为加强施工过程的质量管理，需要强化工程进场材料监督和检查的力度。首先，工程管理人员应坚持主材料必须进场验收，凡主要材料进入工地，须会同监理人员对材料质量和数量进行验收并同时签证，必要时还须有顾客签证，做好记录以备检验。（见图11）

建筑材料、构配件及设备质量不仅应当符合国家或行业现行有关技术标准规定的合格标准和设计要求，同时还要符合注明采用的标准，符合以建筑材料、构配件及设备说明、实物样品等方式表明的质量状况。（见图12）

材料是否符合国家标准，可以从以下几点进行判定。

1）是否具有产品质量检验合格证明。

2）是否有中文标明的产品名称、生产厂厂名和厂址。

3）产品包装和商标样式是否符合国家有关规定和标准要求。

4）产品包装和商标样式是否符合国家有关规定和标准要求。

5）是否有实施生产许可证或使用产品质量认证标志的产品以及应有许可证或质量认证的编号、批准日期和有效期限。（见图13）

9.1.4 应用配套设施管理

基础设施施工完成后，相关的配套设施也需要进行安装调试，如常用的视频、音频器材、特殊展厅的摄像、灯光设备等。（见图14）

（1）常用器材

常用器材主要是指视频和音频等相关设备，这些设备可以作为在现代展示中演示企业品牌文化、提升企业形象的重要手段之一。（见图15）

常用的视频器材有电视机、显示屏、投影仪等，常用的音频器材主要是指专业音箱和调音台、效果器、均衡器等，主要用于播放背景音乐或促销演示活动中的气氛渲染。（见图16）

图11

图11 材料进场
图12 材料的实物状况
图13 材料验收
图14 配套设施应用效果
图15 音频和视频器材应用效果
图16 电视墙应用效果

图12

图13

图14

图15

图16

视频设备根据展厅的大小，常用的有背投的46英寸、54英寸、62英寸、72英寸等，电视墙主要包括2米×2米、3米×3米、4米×4米等，液晶电视LG投影屏幕70英寸、100英寸、120英寸、200英寸以及300英寸等。（见图17）

（2）特殊器材

在某些特殊的展会中，如新闻发布现场等，摄像设备和灯光设备起着重要的作用。一般会场中除了摄像机外，还需要应用主机发射系统、翻译器、耳机、发言话筒等相关设备，以此构成一个整体的应用系统。（见图18）

灯光设备主要指演艺灯光照明器材，通常有面光灯、聚光灯、天幕灯、成像灯、摇头灯、追光灯等。相关器材还包括硅箱、换色器、调光台、三脚灯架、色纸、电源控制箱、线材及电缆等。（见图19）

9.2 各种施工规范

在展厅的施工过程中，不同的项目都有一定的施工规范和章程，只有严格遵守施工规范进行操作，才能保证展厅的质量。

9.2.1 油漆施工

油漆施工主要用于对木质表面的饰面进行处理，如木吊顶、木墙裙、木装饰线、木家具、木地板等表面涂饰。在油漆的透明涂饰和不透明涂饰过程中，往往因操作不当使漆膜产生缺陷的现象。油漆施工要点主要包括以下几点。

（1）油漆施工准备

在油漆施工前，需要对场地中所有泥木工工程及水电布置进行勘测，并验收签字。如不符合油漆施工规范，则通知工程立即整改，待条件允许方可施工，油漆色板也需要设计师或甲方认何，并签封保存。（见图20）

（2）油漆施工流程

1）底处理，凡墙面、三夹板交接处，用墙纸刀凿V型槽，用白石膏封平再用绷带粘缝，避免开裂。原则上不允许夹板封墙，要求木工改纸面石膏板。

2）施工中，墙面、顶面处理一定要在灯光照射上施工，检查时做到平整度好，不允许波度，拱凹现象。

3）使用工具不能用塑料皮刮板、滚筒，应用铁灰刮、刷子。（见图21）

4）所有清水饰面，刷底漆之前，彻底打扫卫生，不得存有手印、脏迹。

5）油漆必须要保证一定的漆膜与平整度，做到无挂流、无波纹、无刷痕。

6）对石膏线条拼接，一定要修平，做到上下两线平行，石膏图纹清晰。

图17 大型视频设备尺寸说明图纸
图18 灯光设备应用效果
图19 灯光设备
图20 油漆施工前的准备
图21 使用软刷进行油漆施工

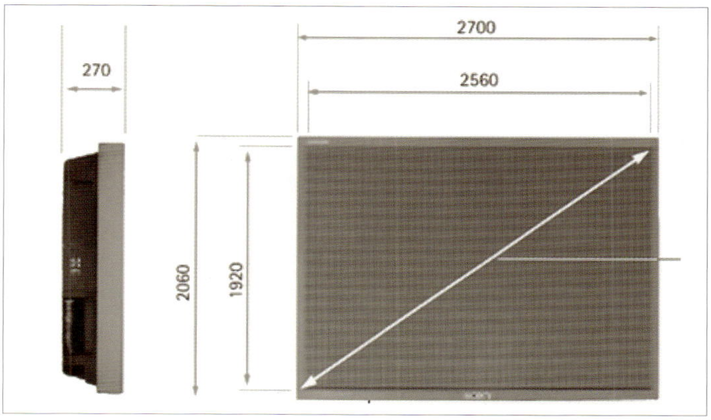

图17

图18

图19

图20

图21

7）所有露出钉眼必须冲进，修色要与饰面一致，钉眼不得有凹陷。

8）油漆退场前，必须对所有油漆项目进行仔细修色，清理垃圾。无任何质量问题时，通知工程部与安装部交接。

（3）验收要求和规范

1）必须做到表面平整光滑，能显露出自然的纹理。

2）漆膜丰满度好，有质感，并做到不流挂、不皱、不漏、不露刷痕，无色差。（见图22）

3）钉眼隙批嵌补色后能与大面颜色基本保持一致（一米外不明显）。

4）门与门套的上下口必须上漆。

5）乳胶漆必须均匀，不能有漏刷或露底。

6）墙纸与顶角线，踢脚线拼接无间隙，花纹图案应吻合。不能有漏贴、补贴、脱层现象，阴阳转角分明，接缝平整不搭接，表面无皱，污斑，翘边，气泡等现象。

7）基层腻子应平整、坚实、牢固、无粉化、起皮和裂缝，厨房卫生间墙面必须使用耐火腻子。（见图23）

8）混凝土或抹灰基层涂刷溶剂型涂料时，含水率不得大于8%。涂刷乳液型涂料时，含水率不得大于10%。木材基层的含水率不得大于12%。

9）涂料颜色、图案应符合设计要求，木制品油漆符合设计要求。

9.2.2 吊顶施工

吊顶的制作需要注意很多问题，如石膏板如何固定、如何预防起拱等。

（1）纸面石膏问题

纸面石膏板吊顶容易出现的问题主要是有裂缝和不规则起拱，其中有施工和材料的原因，也有季节的原因。（见图24）

纸面石膏板吊顶容易出现的问题主要有两种，一种是吊顶竣工后半年左右，纸面石膏板接缝处开始出现裂缝。解决的办法是石膏板吊顶时，确保石膏板在无应力状态下固定，龙骨及紧固螺丝间距要严格按设计要求施工，整体满刮腻子时要注意，腻子不要刮得太厚。

第二种情况是吊顶出现不规则的波浪型。一般吊顶周边格栅或四角不平，或木材含水率大产生收缩变形，都能造成拱度不均匀。另外，龙骨接头不平有硬弯，吊杆或吊筋间距过大使龙骨变形，也会造成吊顶不平。木吊杆顶头劈裂，用钢筋做吊杆时未拉紧，都会引发不规则波浪变形。因此，面积较大的吊顶工程，最好使用轻钢龙骨。（见图25~图26）

图22 丰满度好的漆膜效果
图23 基层腻子效果
图24 吊顶的应用
图25 石膏板吊顶在展厅的应用
图26 石膏板吊顶在家装的应用

图22

图23

图24

图25

图26

（2）预防起拱

预防吊顶起拱，吊顶木材应选用优质软木材，其含水率应控制在12%以内。龙骨应顺直，不能有横向贯通断面的节疤。吊顶施工应在墙上弹线找平，装订时四周以水平为准，中间接水平线的起拱高度为房间短向跨度的1/200，纵向拱度应吊匀。（见图27）

9.2.3 地板施工

地板主要是为了保护结构安全，增强地面美化功能，同时保证踩踏舒适、使用安全，清理方便、易于保持。（见图28）

地板在施工前应该仔细检查材料，包括水泥、消石灰粉、石膏、胶粘剂等胶凝材料以及陶瓷地砖、木地板、塑料地板、大理石板、花岗石板等地面材料。如果需要搭建二层的展位，要慎重选择材料，大理石与地板砖和木地板相比，重量要高出几十倍。如果地面全部铺大理石，就有可能使楼板不堪重负。

在施工过程中，常使用实木或复合地板的铺装、陶瓷地砖的铺粘、地毯或涂料的装饰等工程来达到装修要求。（见图29~图30）

特别需要注意的是，在下雨天尽量不要铺木地板，无论是实木地板还是复合地板，都尽量不要在下雨天进行铺装。因为雨天地面会受潮，特别是一楼，还会出现返潮现象。此时水分蒸发得慢，胶干燥也慢，如果在这种情况下铺设地板，将来很容易出现变形或空鼓现象。但在空气湿度不是很大的阴天里，还是可以铺装木地板的，但应注意铺装要紧凑些，否则一旦天晴，水分被蒸发干净后，会导致木地板收缩，造成地板间缝隙过大。（见图31~图33）

图27

图27 吊顶均匀的效果
图28 成功的地板应用案例
图29 复合木地板说明图
图30 复合地板应用
图31~图32 地板安装效果
图33 地板收缩效果

图28

图31

图29

图32

图30

图33

9.2.4 文化石的施工

文化石是用于室内外的、规格尺寸小于400毫米×400毫米、表面粗糙的天然或人造石材。文化石本身并不具有特定的文化内涵但是文化石具有粗砺的质感和自然的形态，可以说，文化石是人们回归自然、返朴归真的心态在室他内装饰中的一种体现，是一种生活文化。（见图34）

安装文化石有着不同的安装方法。天然文化石可以直接在墙面施工，先把墙面打毛，然后用水打湿后用水泥粘贴即可。人造文化石除了可以使用天然石材的办法外，还可以使用胶粘的方法。先用9厘板或者12厘板打底，然后直接用玻璃胶粘胶即可。在施工过程中还需要注意以下三点问题。（见图35）

（1）注意面积

文化石在室内不适宜大面积使用，一般来说，文化石使用面积不适宜超过其所在空间墙面的1/3，且居室中不宜多次出现文化石墙面。

（2）注意室外环境

文化石安装在室外，尽量不要选用砂岩类的石质，因为此类石材容易渗水。即使表面做了防水处理，也容易受日晒雨淋导致防水层老化。（见图36）

（3）注意室内环境

室内安装文化石可选用类近色或者互补色，但不宜使用冷暖对比强烈的色泽。（见图37）

其实，文化石与其他的装饰材料一样，应该根据需要而应用，切莫片面追求潮流而使用。（见图38）

图34

图35

图36

图34 家装中的文化石墙
图35 简单的文化石安装效果
图36 展厅中的文化石
图37 着重室内颜色对比的文化石
图38 文化石的特殊用途
图39 目前流行的文化石装修

图37

图38

图39

教学实例 项目名称：施工剖析

本章主要对展示设计的展工流程进行了详细介绍，包括工程施工、现场监理和各种施工规范等。下面对一些不同类型的展场施工进行剖析。

本空间为服装展示空间，该空间中使用各种人形模具、大型的装饰器件，背景墙采用了文化石，地板则是采用两种材料拼接而成。该空间在布展时，应该先装修背景墙，然后铺地板，再通过灯具营造气氛，最后添加各种装饰展具。（见图40）

图40

右图为服装橱窗，该商店以展板形式展示出售的各种服饰。该空间的施工，首先需要选择不易燃烧的材料作为展板材料，然后进行铺设地板工程，并预留出展板的凹槽位置，使展板能固定安装在地板上。

在展板安装前，应该预先进行对展板的组合、清洁等处理工作，保证展板在安装完成就能立即使用。

完成展板安装后安装橱窗外围的玻璃幕墙，并布置橱窗内部的各种装饰以及小型便捷展台，最后放置模特以及各种展品。（见图41）

图41

右图商场中的服装展墙，该橱窗的施工过程可以将结构制作和内饰布置工作同时进行。安装玻璃墙和内部背景墙时，应注意轻拿轻放，以免损坏玻璃或造成瑕疵。然后根据设计图纸在内部布置展台，最后通过装饰物件进行点缀。要达到装饰物件的表现效果和要求，并不一定要使用相应的材料，如表现金属效果时也可以使用泡沫或塑料等轻便的材料制作基本造型，然后对表面进行涂色或贴纸，使其具有接近金属的光泽效果。（见图42）

图42

右图为饰品的展示橱窗，从图中可看到橱窗中的展出饰品为一个系列，每一个展品都是展出的重点，并且还有其他装饰点缀。

搭建这类橱窗的工作非常简单，首先应安装好玻璃橱窗的底部，然后再安装玻璃幕墙，玻璃幕墙一定要制作成推拉式的，以便开合。

在安装玻璃幕墙之前，可以将在内部贴上装饰贴图纸，安装后可悬挂宣传或介绍条幅，同时需要在橱窗顶部安装光源，最后在橱窗中自由摆放各种展品和装饰品。（见图43）

右图为男性服饰的展示橱窗，橱窗内部制作成了一本立体的书页形状，书页里嵌入展示了各种饰品，并展示极具视觉冲击力的宣传画。搭建该橱窗时可以将其看作一个大型展台，遵循从下向上、从里向外，先完成局部，再组建整体的方法进行搭建。底部搭建完成后，"书面"的制作需要使用带一定韧性的材料，从而保证制作出书面弧度的效果，同时材料也要具有一定的强度和硬性，这样才能保证承受一定重量的内嵌饰品。（见图44）

右图为女性服饰的展示橱窗，该橱窗的制作流程主要包括搭建基本结构、悬挂大型喷绘、清洁橱窗以及布展等流程。

在搭建过程中由于橱窗空间较大，在不影响展示效果和欣赏视线的前提下，将橱窗正面的玻璃幕墙划线为三块，可以保证展场安全，同时控制了造价成本。

为橱窗应用大幅的喷绘背景墙，在应用这种大型喷绘时一定需要找专业的室外喷绘公司，从而保证画面的质量。（见图45）

图43

图44

图45

右图为某商场中的化妆品专卖楼层照片，在该楼层的施工过程中，可以先根据卖场商家数量以及商家的要求等规划出具体的区域。根据这些区域为地面统一铺上深色地砖，然后根据区域之间划定界限铺上浅色的地板，用于区分空间范围。这样可以使用展区得到更规范、更合理的排列。

铺完地砖后，需要对各个楼层进行清洁和检查，特别是地砖的清洁和窗口、楼道的安全，然后安排商家开始进驻，并在有商场方监督的前提下进行展位搭建。（见图46）

图46

右图为局部的化妆品专柜，该专柜拆去了楼层中原有的深色地砖，装上了浅色的米黄地砖，从而增强空间的亮度，使顾客更容易走进明亮的展场。

在拆除旧地砖和安装新地砖时，一定要得到商场方的同意，拆除的地砖一定要处理及时。安排的新地砖则一定要达到合格的防滑、防静电等技术指标。

在施工过程中，不仅要停止销售和围栏展位，而且要按商场方提供的规范进行，以免破坏其他区域的地砖。

最后是化妆台的施工搭建，化妆台是由塑料板、木板以及部分金属组合而成，可以将相关构件进场后，再原地施工组合。（见图47）

图47

右图为商场转角处的化妆品专柜，该专柜除了基本的展柜外，还包括背后的货架。在施工过程中，要为货架选择较为坚固的材料。当材料进场后，首先应固定货架位置，然后进行组合搭建，再进行刷漆、包装、清洁等工作。完成货架施工后，再搬运展台等固定成套的展具，最后进行展品的摆放，完成化妆品专柜的施工。（见图48）

图48

设计点评

通过本章的学习，读者对展示设计的施工流程也有了全面的认识和了解，下面是对一些相关设计的点评。

图49点评

该设计为某品牌服装的女包展示橱窗，该橱窗空间较为简单，安插的背景墙也比较单薄，整个施工流程比较简单、迅速。但通过合理的灯光和色彩搭配，弥补了简单空间和单薄背景的缺点，同样能很好地吸引来往顾客。（见图49）

图49

图50点评

该设计为某品牌鞋的靴子橱窗，该橱窗搭建较为简单，可以先使用木板或厚纸板搭建一个规定尺寸的台面，并在台面上预留凹槽，之后在凹槽内竖立背景墙。背景墙可以选择硬度较大的纸制材质或建筑使用多层层板，并对其进行加固，以确保背景墙的稳定性，避免埋下安全隐患。

然后将侧面玻璃幕墙直接固定到背景墙上，正面的玻璃侧固定在台面和顶上。

在橱窗内部搭建突出的小展台时，需要以靴子的高度作为参考，这样使展台上下都能放置不同高度的靴子。（见图50）

图50

图51点评

该设计为某主题展厅中的地域文化展示橱窗，该橱窗中将嵌套三个子连接空间。

此设计在搭建过程中较为麻烦，由于左右对称，可以先制作两个相同的空间建筑结构部件，然后再制作其他部件并进行组合。然后根据展品的尺寸进行排列，对新造空间的尺寸进行准确测量，最后安装玻璃幕墙和添加装饰物件。（见图51）

图51

图52点评

该设计为某淑女品牌服装的主题橱窗，该橱窗的搭建类似室内房间，只有一面为玻璃幕墙，其他三面则使用大量的贴画拼贴作为背景墙。该展台的搭建重点在于如何隐藏灯具，避免灯具破坏画面效果。

整个空间使用了大量的纸质贴图，如果长时间与高温光源接触，容易引发火灾。所以在灯具的选择上还需要注意是否有相应的保护措施，如应该选择带有灯罩、强度较小的灯具，可以使用多个灯具模拟一个灯源发射光线的效果。（见图52）

图52

图53点评

该设计为某女性时装的橱窗，该橱窗色调简单，背景和地面都使用白色材料。在搭建过程中，最好选择不易脏污，反光度较小，而且易于清洁的材料，这样可以使用橱窗既保持亮度又不会过于曝光，如选择塑料板或在多层层板上应用贴膜。

在装饰物的制作过程中，可以使用具有韧度的塑料制作，但同时也要具有一定硬度。因为不仅需要对装饰物的外形进行改造，在完成后也要长时间保持造型不变。场景中的照明灯具可以安装在顶部的暗槽中，灯具布置需要对线路进行仔细查，以避免有问题的线路在暗槽中发生短路或其他安全状况。（见图53）

图53

图54点评

该设计为经典款型的某品牌女装展示橱窗，该橱窗可使用木板或塑胶板制作背景墙和侧面。在安装过程中，最好预留出可活动门的位置，使工作人员可以方便地进入橱窗内部更换模型或服饰。玻璃的安装可使用特殊的胶将其粘在木板或塑胶板上，最好再使用凹槽或其他零件对玻璃进行固定。在安装玻璃前，需要先对内部的大型展具进行安装，如模特等。服饰、装饰物等展具可以在最后进行布置。（见图54）

图54

课后练习

1. 为某品牌策划一个与服饰相关的展示区域，要求表现出品牌华丽的贵族气息。

创意思路

在展示区域中首先划定较小的区域，使其更精致更集中地表现展品。使用塑料材料制作一个盒子，并留出一面作为视口观察区域，为盒子内部贴上金碧辉煌的镀金贴纸。使用木质或金属材料制作展台，最后布置各种展品。（见图55）

图55

2. 策划一个生活艺术展，在展厅中要体现出生活的细节，并体现浓厚的艺术感。

创意思路

选择展厅地址后根据要展示的内容划定各种区域界限，然后为场景整体铺上大理石地砖。使用各种规格的塑料板分隔空间，并对塑料板进行相近的装饰和修整，使其看起来是了一个系列。在展厅主要区域，使用软性材料制作一个小型的台面，用于展示过程，对特定展品进行宣传讲解。展台可以使用木质材料作基本台面，以确保有一定的支持重量，外面可以使用厚绒类的材料包裹，使其看起来更贴近生活。（见图56）

图56

3. 为品牌服饰设计一个节日橱窗，要求体现出贴近生活的服装融入节日气氛的自然。

创意思路

该橱窗可以使用四面通透的效果玻璃幕墙，使用多个模特摆出生活中真实的姿势。然后重点布置橱窗内的装饰物，可使用各种礼盒、挂件以及圣诞树，使整个橱窗看起来具有浓厚的节日气氛。（见图57）

图57

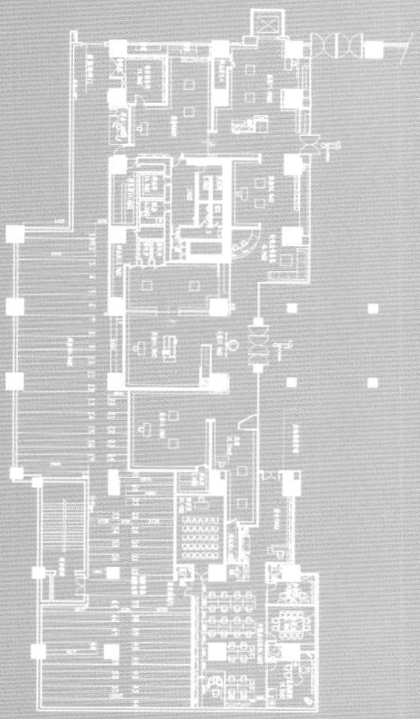

第10章 展示设计的分类

课题概述

随着商业领域的不断发展，展示成了最为常用、规模最为庞大的宣传手段之一。不同的展场就是各类展示运作的战场，不同类别的展场拥有各自的特色和风格，通过本章将认识了解常见的各类型展场。

教学目标

通过学习去认识不同类型的展场特点和风格，学会如何抓住展示产品的特点，并恰当地宣扬扩大展品的特色，吸引观众，从而达到宣传和传递信息的作用。

章节重点

学会如何从正确的角度去认识、了解、学习不同展场的设计理念。

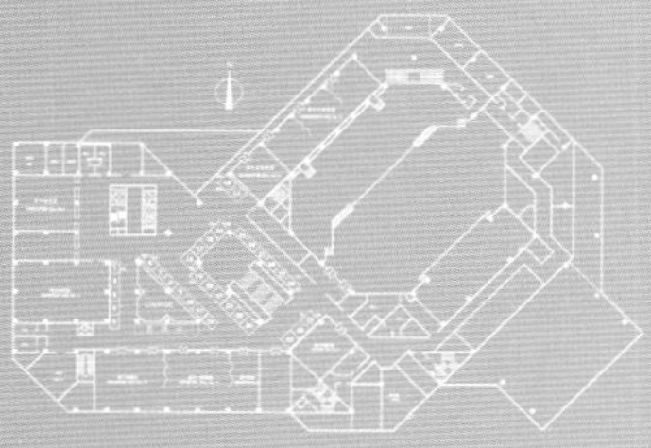

10.1 展示设计的分类原则

展示设计的种类庞杂，内容不一，涉及的行业也十分广泛.对于展示设计的分类，业界和学术界存在若干种不同的分类方法。每种分类方法都有不同的分类依据和标准，也从不同层面解析了现代展示的特征。了解这些分类标准能够更有效地帮助初学者掌握现代展示设计的核心。

10.1.1 时间原则分类法

根据不同的时期，可以对展具、展品陈列、展示空间进行更有针对性地设计，按照展期长短展示主要可分为以下几种类型。

（1）永久性展示

永久性展示主要是指博物馆、主题游乐园、美术馆、商业空间等公益展场或固定的大型商业空间。（见图1）

（2）中长期展示

中长期展示将在一定时期内占用场地，多数中长期展示都会出现场地租赁关系，所以基本上为定期举办的展示活动或长期开放的企业展示厅。

（3）短期展示

在较短的规定时间范围内进行展示活动的，都属于短期性展示，如服装商店的橱窗，各种促销活动和庆典祭祀也属于短期展示。（见图2）

10.1.2 展出面积分类法

展示的面积也是展示类型的一种划分依据，按照展出面积可以将展示分为以下几类。

（1）超大型展示

超大型展示的展区面积通常都在1000平米以上，一般都是为展出一些巨型的展品或是大型的互动空间，如游乐园、博物馆等，最为人们所熟知的莫过于知名全球的迪斯尼乐园。

（2）大型展示

大型展示的展出面积通常在600平方米至1000平方米，它是具有规模的展出和陈列展品，如图书馆、大型卖场等展示。（见图3）

（3）中型展示

中型展示的展出面积通常在100平方米至600平方米，如企业展览厅、专卖店、庆典祭祀等。

（4）小型展示

小型展示的展出面积通常在100平方米以下，如专卖店的橱窗、小型促销活动、城市公共建筑等。（见图4）

图1 永久性的图书馆
图2 短期的庆典活动
图3 大型综合展示
图4 小型展示

图1

图2

图3

图4

10.1.3 展示环境分类法

如果按照展示环境的区域进行分类，可以分为室内展示和室外展示。这种分类方法并不常用，但能够从一个侧面反映出展示空间与所处环境的位置关系，从而反映出特殊环境对展示设计的特殊要求。

（1）室内展示

室内展示主要受光线的影响较大，绝大部分的展示和展场都是属于室内展示设计的范畴，并且几乎所有展示活动都可以选择在室内场馆进行。（见图5）

（2）室外展示

室外展示则容易受到天气的影响，如阳光、雪雨、风等天气。室外的展示如要有主题游乐园、促销、个别展览以及城市导示等。（见图6）

10.1.4 展出形态分类法

按照展示的手段和方式分类，展示主要可分为动态和静态两种类型。

（1）动态展示

动态展示都采用相对动态的展示手法进行设计，如游乐园，各种类型的促销活动、具有商业性质的游行等都属于这个范围。现代商业展示也大多属于动态，这样可以更好地吸引顾客。（见图7）

（2）静态展示

静态的展示项目，顾名思义就是指处于静止状态的展示项目。其实在大多数的传统展示项目中都是以静态陈列为主的，最常见的就有博物馆和图书馆，在一些服饰橱窗中，设计的各种主题就属于静态类型展示项目。（见图8）

10.1.5 类别分类法

按照展示行业和类别进行分类是最常见的分类方式，如商业展示、文化展示、展览展示、世博会类展示以及主题公园类展示等。

这些不同类别的展示，展出项目和展示活动的目的具有一定的共性，又有一定的区分，如以休闲娱乐为目的的主题公园和纪念宣传的主题公园虽然属于一类，但其展示目的和内容都大不相同。

10.2 商业类展示设计

现代商业展示不仅强调关于消费信息传达的问题，更关注为消费者营造舒适、温馨的购物环境，从而迎合现代消费者精神追求，这也是信息时代非物质化的显著特征。同时这也是现代商业展示设计的重要评价指标。

图5

图6

图7

图8

图5 室内展示
图6 室外展示
图7 动态展示
图8 静态展示

10.2.1 商业空间

商业展示的种类很多，但是其最终目的都是传达信息，将商品的信息传达给所有的消费者。要掌握商业展示的原则就需要认识商业空间和商品的促销。

商业空间主要以购物中心、超级市场、专卖店和连锁店等形式为主。各个类型的商业展示空间在展示设置上没有什么差别，只是在规模和面积上会有一些出入。以购物中心为例，英语中购物中心叫Shopping Center，在美国又叫做Mall。它是商业零售业的一种复合型设施，购物中心一般会选在临近公路周边，拥有足够的停车面积。因为通常情况下，去购物中心采购物品的消费者都是驱车前往，并且会购买数量较多的物品，因此足够的停车面积和便利的交通是最需要考虑的因素。其次购物中心需要很大的储备量，因此选择近郊既能降低房屋资金的成本，同时也保证了货物的堆放空间。（见图9）

由于地处城郊，为了方便顾客，购物中心的配套设施一般非常完善。不仅可以愉快地购物，还能在共享大厅里享受周到的休闲、餐饮、娱乐影院、游戏房、室内音乐、艺术品展览等等。此外，还有配套的银行、邮递等服务，为了方便顾客还会有专门的免费大巴接送服务。

购物中心的空间尺度远比一般的百货公司大，建筑和室内空间多采用淡雅庄重的颜色和朴素的材质，装修风格简单实用、大气，有开阔的中庭和环廊。各个零售区域才是商家云集，商品汇集的地方。（见图10）

10.2.2 专卖店

专卖店是一种展示过程简单的商业活动场所，设立专卖店的是商场或企业，浏览专卖店大多数的是有需要或被吸引的消费者。

专卖店的种类很多，根据商品的类别进行区分，最常见的专卖店包括服装专卖店、家具专卖店、钟表专卖店、体育用品专卖店等，主要涉及到生活各个方面。

在展示设计中，专卖店的设计与展示成功与否，不仅关系到品牌的现实利益，而且也关系到品牌的发展和延伸。另一方面，在设计与装潢上，不仅体现了品牌经营的特色，还不同程度地表达了品牌的风格、理念和人文概念。（见图11）

10.2.3 橱窗

传统的橱窗是指商店临街的玻璃窗，用来展览样品。在现代社会中，无论是在面向街边还是室内商场中的商店，都会大量应用到橱窗。（见图12）

橱窗易于表现商品，不需要额外广告费用，同时还具备商品陈设和宣传两种功效。正是有鉴于这样的实用性，橱窗展示才越来越被重视和发展起来。

图9

图9 大型购物中心
图10 商场内部
图11 专卖店
图12 传统橱窗

图10

图11

图12

大多数的橱窗都具有商业性质，这种性质表现在借助顾客的色彩识别、喜好规律等营造提醒式购物模式，从而唤起顾客的购买欲望。由此传达企业或产品所体现的动感、质感、美感，使顾客的购买行为充满快乐体验，从而为商品销售和商家形象带来巨大价值。当然，即使有少数的公益性质橱窗，其目的也在于提醒和宣传。（见图13）

10.2.4 城市导示

城市导示系统设计是指一个完整的城市指示系统，包括行政交通导视系统、商业导视系统、文化旅游导视系统等。城市导示系统是城市形象和城市功能的重要组成部分，同时也能间接宣传城市的旅游景点，合理的设计和运用不仅可以使城市生活更加便利，而且也是使城市具有魅力的形象塑造。

城市的导示系统是一个城市的免费解说员，城市导示的系统公示、提示的作用，其设计不能脱离大环境的文化定位，同时也要求强调温馨与人性化。（见图14）

10.3 文化类展示设计

文化展示与商业展示最大的不同之处在于它更注重展示本身所蕴含的丰富知识，这样的展示并不以所能创造的经济价值为展示的优劣做评定。最为常见的文化展示方式有书画展、双年展、艺术品鉴展等，常见的展览区域也相对地以博物馆、图书馆、美术馆等为主。

10.3.1 博物馆

博物馆的语源来自于希腊语，是集历史、艺术、民俗、遗址、宝藏、考古、研究展示等为主，以公开的教育、欣赏、学习、研究为目的的机构。

随着人们对物质、精神生活要求的不断提高，信息的表达手段越来越丰富多彩，对展示的形象性、生动性、直观性、参与性的要求也逐一体现出来，并且要求也日趋严格。博物馆由最初单一的陈列展示逐渐演变和发展，成为了一个集展示主题、室内设计、室内装修、室外设计、灯光设计等诸多设计艺术于一体的综合展示体。（见图15）

随着网络信息和电脑的普及，科技时代带来的创新意识也开始进入了这个领域。众多人性化的设施在博物馆中的应用，让更多的参观者切身体会到了身临其境的感觉。同声翻译解说消除了语言的障碍，触摸屏幕查询更是简单实用，节约了不少时间，多媒体演示带领参观者博古论今，穿越时空，大量的虚拟空间再现了古时的场景，拉近了现实与历史的距离。（见图16）

图13 现代橱窗
图14 导示标牌
图15 博物馆情景再现
图16 博物馆影片播放

图13

图14

图15

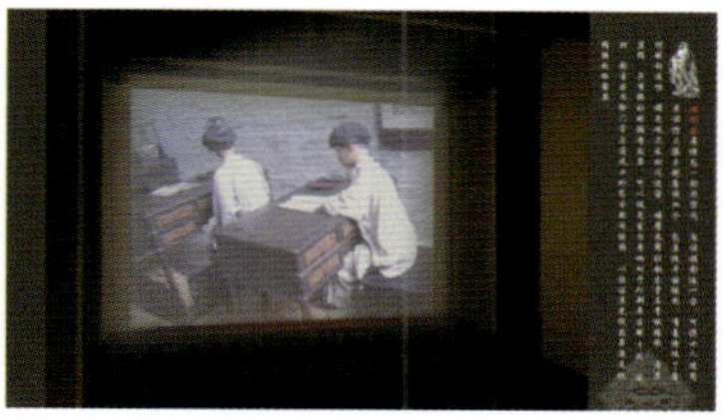

图16

博物馆可以分为人文科学博物馆、自然科学博物馆、综合性博物馆和主题性博物馆四大类。在生活当中最为常见的是综合性博物馆和主题性博物馆。

（1）人文科学博物馆

人文科学博物馆主要是以展示古美术类、近代美术类、绘画、雕刻、工艺、戏剧、历史系列的民俗民风、古遗迹等等为主。根据规模和展出大小有一定差别，大到一些历史遗迹，如兵马俑、圆明园遗址以及古代君王陵墓等，小到一些史记、墓碑、手工艺品等。（见图17）

（2）自然科学博物馆

自然科学博物馆主要以展示地质、化石、矿物、动物骨骼、昆虫、植物；理工学、产业、农业；天文系、天文学、天象天体运行；生态类、动物园、植物园、水族馆等方面为主。（见图18）

（3）综合性博物馆

综合性博物馆在内容上是兼有人文科学和自然科学资料的博物馆。

（4）主题性博物馆

主题性博物馆是现代发展的产物，是针对一些个人和企业所衍生出来的，记录个人收藏或企业发展历史的记录性博物馆。在经济发展如此快速的今天，企业文化已经是一种口碑和信誉的证明。因此，企业的发展史和企业文化也随之被注入到博物馆当中，大家所熟知的很多国际知名品牌都拥有自己的博物馆，比如宝马汽车、奔驰汽车等等。（见图19）

传统的博物馆是一种基于教育展示、情感展示、娱乐展示的展示空间。在现代科技和经济发展的推动下，又包含了主题型、参与型、互动型、系统型和感应型等诸多特点。

不论展示的形式和手法如何不同，但其目的都是一样，因此尽管是不同种类的博物馆，其展示的目的和展示所需要注意的展示要点却是一致的。

博物馆的展示要点主要分为四个方面，首先，博物馆是以物品展示为主传达展示品所包含的文化意义和历史价值，因此博物馆的活动肯定是围绕展示品所开展的一切活动。

其次，通过博物馆的展示指南，可以了解到其中罗列出的研究题目、题意和总的展示目的、展示构造、展示装置等，使得展示的目的更明确和直观。有的博物馆还会配以路线图，让参观者能够更直观地选择自己需要的展示路线来参观。

第三，是展示装置空间设定的计划，如展示资料中的实物资料、复原资料、模型资料、照片资料、摄像资料、声音资料、图片资料等等。博物馆中的展示装置更是随处可见，如展台、展柜、展示壁画、展架、照明设备、幻灯机、录音机、电影、印刷品等等。因此在做展示初始就要根据展示的内容和主题选择不同的材料和造型的装置。合适的展示装置不仅提高展示效果，也是展示成本控制的一个重要因素，所以因地制宜地选择合适恰当的装置，并且妥善地保存好展示资料显得尤为重要。

最后，是展示资料的检索，在很多博物馆都可以在展品前发现简单陈述展品相关信息资料，这就是展品的检索。检索的内容根据博物馆展品的具体价值而有所不同，通常情况下会根据展品的外形、分类、重量、色质、保藏和价值做相关的阐述。索引的造型、质地、设计和颜色也是需要用心考虑的，根据博物馆的主题、展品的档次、历史价值索引会有所不同，它也是成本所需要预计的一部分。

10.3.2 图书馆

图书馆是最常见的展览馆之一了，图书馆给游客的感觉是安静、宽阔、放置各式各样的书籍。其实随着时代的变化当代图书馆已经发生了很大的变化。尤其是图书馆实行计算机集成管理以来，伴随着图书馆的信息化、数字化的发展，原来的馆舍在结构布局和功能设计上都已经显得落伍。

图17

图18

图19

图17 人文科学博物馆外部
图18 自然科学博物馆外部
图19 中国电影博物馆外部

现在的图书馆基本都具备以下几点。一是说明本馆的性质特点。如本馆是文理综合性还是专科性，是全国性还是地方性，是师范院校，还是工程院校。其学术性、教育性、情报研究程度如何，是重点单位还是一般性单位等等。

二是本馆的任务。是为科研服务还是为教学和科研服务，有否承担国家科研项目，这些任务的份量及其在国际、国内的地位如何。

三是本馆服务的对象和数量。

四是本馆的作用和地位。比如书刊文献收藏中心、流通参考中心、宣传展览中心、情报服务中心或是学术活动中心，以及在学会、协会及图书情报网络系统中的地位和作用，在本地区甚至在全国的作用和地位。

五是藏书特点和规模。按出版方式分为印刷型、缩微型、视听型和机读型文献量；按外型分为图书、期刊、报纸和特种文献量；特藏如古籍、专利、样本、标准等文献量，以及其年进书量、现有量和最大藏书量等。

此外，还有建筑规模、借阅特点、现代化设施、环境美化等项目内容。

可见图书馆虽然只是收藏和阅览图书的场所，可是却能够通过图书馆的造型和特点认识、了解图书馆的规模、藏书种类和面对用户等信息。（见图20）

在充分考虑图书馆的定位和规模等一系列条件以后，才能制定出相应的设计方案。由于图书馆的特定性，因此对藏书的保护和资料的保存显得尤其重要。根据图书本身的特性，在防火方面是图书馆需要重点考虑的因素，此外图书馆的设计还需要参考由建设部等单位联合修订的《JGJ38—99图书馆建筑设计规范》，这是当前新建、扩建图书馆必须严格遵守的规范性文件。

在结构上要采用国际上流行的“三统一”原则，即“统一柱面、统一层高、统一荷载”的模式设计。统一柱面可使图书馆根据发展需要和功能要求实行相对任意分割，不至于因建筑柱面不同而在改变使用功能上受到制约。统一层高可使图书馆采光效果好，空气流通新鲜，读者来往便利，布局安排合理，有利于使用功能的相互替代。统一荷载，打破了书库和其他部门之间的明显界限。“三统一”的结构设计，有利于标准化设施的布设和使用功能的灵活转换。

在种种规范的合理安排下，图书馆的舒适性、安全性、美观性都得到了充分的体现。鉴于现代图书馆功能的多样化和动态性，应要求图书馆建筑的布局结构设计具有高度的灵活性，由封闭的固定性空间形态变为开放的灵活的空间形态。（见图21）

图书馆还应充分考虑信息化时代图书馆的智能化服务业务，配制各种现代化设施，包括网络设备、电子文献检索设备、声像服务设备、音像服务设备等等。在布线和配电上应留有余地，以适应未来发展需要。

在现代开放式管理的图书馆设计中，标志系统已成为与管理模式相协调的、不可缺少的一项设施，成为疏导人流和识别空间的重要工具。因此，图书馆标志系统的设计也应纳入图书馆的设计流程当中。（见图22）

10.3.3 美术馆

美术馆的功能在于美感教育，同时还包括进行收集、保存、展示、研究、推广美术理论和美术作品等活动。美术馆是介于博物馆、展览馆和研究机构之间的一个场所。它的运营模式既不是平常的展览馆，也不是长期收藏陈列的博物馆，更不同与专业产品营销宣传的展会。相比而言，美术馆是一个主动的，具有能动性的专属于总结艺术发展，把握时代发展趋势，组织和学习美术的一个平台。

图20 大型图书馆
图21 图书馆内部
图22 图书馆的指示标牌

图20

图21

图22

鉴于美术馆的特殊功能，美术馆本身也具有了潜在的艺术价值。在众多的展示馆造型当中，美术馆的造型是最为变化多样的，就像美术的定义一样，相比而言美术馆本身也是一件难得的艺术品，张扬的造型和简约的线条是现代美术馆的最大特色。（见图23~图24）

10.4 展览类展示设计

展览类的展示，主要是用于展出物品供人参观、欣赏的集会或机构。展览会一般分为商业型展览会和教育型展览会两种。商业类型的展览会通常是借助展会推广品牌、取得订单、扩大企业形象的影响力，而教育型展览会则是给人在思想上、感官上一定的刺激和震撼，以宣传文化艺术、传达思想和历史纪年为主线，通过展览会达到教育和成果展示的目的。

在实际应用中，展览会的名称和意义相当繁杂，如有博览会、展览会、交流会、交易会、贸易洽谈会等，它们都属于展览类展示。

10.4.1 车展

由于社会经济的发展，已经开始形成投资、消费、进出口联动推进经济社会发展的良好局面，市场规模迅速扩大，汽车市场更是发展迅速，从而逐渐形成了车展。

展会组织者通过高水平的专业会议和公众活动为各类展商针对性地组织买家，同时充分展示了汽车产品的时尚特性，强化了车展广泛的公众影响力，提升了展会的产品推广能力。在诸多的展示设计当中，最能符合以上说法的就是大家所熟知的汽车展示了。（见图25）

汽车展示会对营销活动的时间与空间进行了高度浓缩。短短几天，可以和成百上千的客户面对面洽谈、签约，全面了解同行及相关行业的发展水平，从而调整自己的经营方略。一次一般规模的汽车展览会，甚至可以落实全年度的销售计划。正因为如此，在信息交流手段高度发达的资讯时代，汽车展览会、交易会呈现出了勃勃生机，深得商家和汽车爱好者的青睐。（见图26）

要吸引有实力的参展商、采购商和专业观众持续性地参展，首先应该做好展前、展中和展后的宣传。展前报纸、电视、网络等传媒，全方位立体化地展开宣传造势，传播展会的有关信息，让更多的人尤其目标受众准确了解展会情况。展前的宣传工作做好了，展会等于成功了一半。展中和展后的宣传其实是对展前宣传的延续，对本展会品牌的一个增值，为下次会展的成功举办作铺垫。（见图27）

图23 美术馆内部
图24 美术馆整体效果
图25 车展展厅结构
图26 车展现场
图27 车展宣传海报

图23

图24

图25

图26

图27

正是对汽车展示全方位的精密筹划，汽车展示已经固定了其一年一度的展销模式，也使汽车展示成为了最庞大、最齐全、最具人气的展会之一。（见图28）

10.4.2 国际消费电子展

国际消费类电子产品展览会，International Consumer Electronics Show，简称国际消费电子展（CES），由美国消费电子协会（CEA）主办、制作和管理，展会收益用于资助行业的服务，每年1月在美国内华达州拉斯维加斯举行。（见图29）

和车展一样，CES有众多的知名企业参展，展出项目涉及零件、音频硬件和软件、空白介质、蓝牙技术、宽带技术、计算机硬件和软件、数字汽车、数字电视/高清晰度电视、电子商务、电子游戏、全球定位系统、家用电器、家庭/个人健康、互联网应用和服务、移动电子产品、软件、个人电子产品、机器人技术、卫星系统、语音技术、电话设备、无线/移动通信等，CES主要展示这些项目的最新产品和新技术的应用，甚至各种技术难题。（见图30）

10.4.3 科技博览会

当今世界各种展览会林立，其中不乏一些以展示科学技术为主的国际知名展览会，如比利时布鲁塞尔的“尤里卡国际创新科技展览会”，德国汉诺威的“信息技术博览会”等，它们都是展现专业领域中各种新技术和最新研究成果的舞台。（见图31）

与学术会议相比，科技博览会的最大特点和优势就在于它的实物性、广泛性和灵活性。因此，在科技博览会中能够具体接触到当今世界先进的技术和产品，参观者能够在直接交流中获得启发和收益。所有的参展单位、科技人员和专业观众都能从中受益。

但是，我国目前科技展览会的现状和发展的态势都还很不理想，其对我国科学技术发展所应起到的积极促进与推动的作用远远没有发挥出来，主要存在以下几点问题。

（1）认识不够

迄今我国尚缺乏对全国科技展览会的深入研究和全面规划。

（2）管理薄弱

科技部对科技类展览会的管理（包括扶持鼓励政策和引导规范措施）还比较薄弱。

（3）定位混乱

现有的国内科技国际展览会定位不够准确，特点不够突出，与经贸类展览会相互混淆，交叉审批，比较混乱。

（4）参展者水平参差不齐

举办国内科技国际类展览会和组织出国参加科技展览会的单位参差不齐。

在现有举办的科技类展览会项目中如何充分借助国际力量，发展国际合作，以及在出国参展活动中如何切实抓住机会收到实效，都需要认真总结经验，逐步提高。

图28

图29

图30

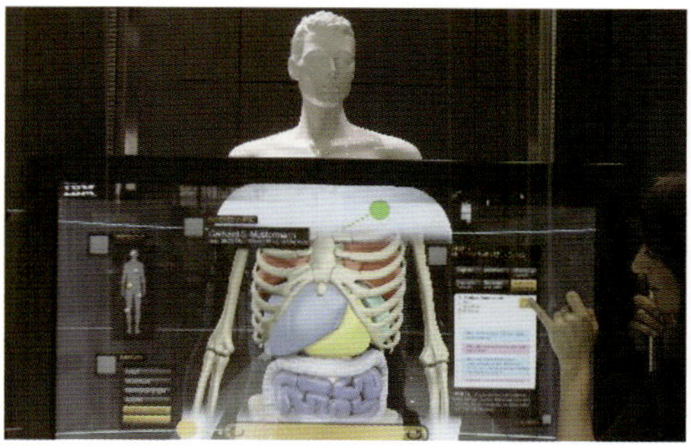

图31

图28 巡回车展
图29 国际消费电子展标志
图30 国际消费电子展现场
图31 汉诺威信息技术博览会

10.5 游乐场与主题公园

游乐场和主题公园是较为特殊的展示类别，与普通展示最大的区别在于，主题公园类别的展示没有销售与贩卖的商业性质，而更加注重的是与游客间的互动。这里是游客休闲游玩的主要场所，这类展示没有主要的经营商品，而是依靠相关的产业带动经济而维持运营的，游乐园中的商店、游戏设施以及门票都是这类展场的收入来源。

10.5.1 游乐场

游乐园是一种综合的娱乐场所，多建在人口稠密的大都市附近。园中的游乐项目多种多样，如原始社会模拟型、未来世界幻想型，大型惊险项目，智力比赛项目等。大部分的游乐园项目都较为齐全，有的规模较小的游乐园会以一个或数个项目为主。（见图32）

世界上最负盛名的游乐园是1958年在美国加利福尼亚州洛杉矶市建造的迪斯尼乐园。它是米老鼠动画片制片人迪斯尼一生的杰作，每年吸引着数千万旅游者。（见图33）

近年中国大城市中也出现了一些游乐园，今后随着国内外旅游业的发展，游乐园建设将会日臻扩大和完善。

10.5.2 主题公园

主题公园是一种以游乐为目标的模拟景观的呈现，它的最大特点就是赋予游乐形式以某种主题，围绕既定主题来营造游乐的内容与形式。园内所有的建筑色彩、造型、植被、游乐项目等都为主题服务，共同构成游客容易辨认的特质和游园的线索。（见图34）

主题公园是一种人造旅游资源，它着重于特别的构想，围绕着一个或几个主题创造一系列有着特别环境和气氛的项目吸引游客。主题公园的一个最基本特征就是创意性。

主题公园是现代旅游业在旅游资源的开发过程中所孕育产生的新的旅游吸引物，是自然资源和人文资源的一个或多个特定的主题。它是采用现代化的科学技术和多层次空间活动的设置方式，集诸多娱乐内容、休闲要素和服务接待设施于一体的现代旅游目的地。（见图35）

游乐园和主题公园都是综合性的设施，其中包括博物馆、商店、展示厅、饮食店、花园、主题建筑、服饰、吉祥物及卡通周边产品，丰富的配套设施、具有创造性的主题建筑和不乏专业的文化氛围是游乐园与主题公园最大的特色，也是其多年以来经久不衰的主要原因。

图32

图33

图34

图35

图32 游乐场
图33 迪士尼乐园
图34 主题公园一
图35 主题公园二

教学实例

1. 车展展示设计技巧

（1）构图图形的层次感

图形和元素之间的层次感，可以在吸引视觉的同时，突出想体现的主题，这种表现方式往往是比较直接而且有效的方式。（见图36）

（2）构图的视觉线牵引

利用色彩或者元素来牵引欣赏者的视觉，让参观者随着设计师的思维去思考和观看作品。现在存在的大多数作品都是运用点、线、面来引导参观者的观看路线，而以图形和元素出现的引导方式的作品对设计要求偏高，效果也不会非常明显，在实际展会当中也显得比较少见。（见图37）

（3）色彩诱导

不同的色彩能给观看者以不同的心理感受，红色象征着奔放和激情的绽放，淡淡的蓝色给人感觉严谨且神秘。统一的色调可以凝聚展场的整体性和紧密性，杂乱的颜色却又是一种混乱的迷离感。在统一的色调中夹杂其它的颜色总能吸引眼睛的注意力而达到锋芒毕露的效果。而作为汽车商品，汽车的造型流线、质感都是不可忽视的重要因素，在灯光的搭配下，汽车的车漆更能展现出使人兴奋的魅力。正是因为如此，灯光颜色也成为了汽车展会中不可忽略的元素和把玩手段之一。（见图38）

只是在颜色运用的时候必须注意的是，在颜色搭配上最好采取互补色，互补色是一种矛盾的和谐，既能在视觉上给人以明显的冲突，又不会影响到心态，觉得突兀。除此以外还可以选择同一色系的不同颜色作为搭配，总之在选择颜色的时候一定要避免因为颜色的选择不当反而使人产生不协调的感觉。（见图39）

（4）明暗诱导

明暗的对比是最为强烈的，在不同的灯光烘托下，明暗对比总能营造出万变的氛围。如今灯光种类的变幻也渐渐地激发了商家利用灯光来突出主体的想法。在车展当中常常可以看到利用由光感折射、光感捕捉、动态光感及明暗差异性的一些共性来衬托主题的展示。（见图40）

图36 构图的视觉冲击
图37 视觉牵引的效果
图38 色彩诱导
图39 色彩在车展中的运用
图40 强烈的明暗对比

图36

图37

图38

图39

图40

（5）比例大小

依据事物本身的比例关系，在等比的关系上追求视觉上的平衡关系，突破事物本身的等比关系，进而推出自身的视觉重点以求突破。一种夸张的歪曲正常比例的方式，在不经意间往往能收来奇效。作为机械的汽车，精美细致的结构本身就散发出了迷人的气息，而放大的局部细节也恰到好处地展现了汽车工业的技艺，这也是对产品本身最好的说明。（见图41）

一个精致的汽车模型，对于汽车爱好者来说是不可多得的宝贝。琳琅满目的汽车微缩模型不论作为展示还是赠品都是一种容易使人欣然接受的对汽车品牌宣传的方法，这样小巧的艺术品既能展现汽车的各种型号，又不会像实体汽车般占用大量的展位空间，因此精致的汽车微缩模型也是车展的一大特色。（见图42）

（6）欣赏者的接受能力

利用平时生活的一些元素，充分考虑参观者对图形的认可能力，以自然美或者突破普通接受能力的残酷美来打动参观者的情感，以获得人们对图形的记忆。（见图43）制造如真实世界一般的情景，简单的道具虽然不足以让人身临其境，可是当中的温情却丝毫不逊于华丽的背景。将汽车置于道具背景当中，就仿佛是一出情景剧般，当中渗透出了汽车卓越的性能和以人为本的造车理念，的确不能不让人驻足观看。（见图44~图45）

（7）抽象的表现方式

运用色彩、造型、摆设的对比，在突出主题的同时也起到了一定的娱乐性，这样的作品容易使人产生好感。（见图46）

图41 发动机特写
图42 精致汽车仿真模型
图43 生活情趣的小景
图44 在道具背景中的展车1
图45 在道具背景中的展车2
图46 抽象的表现方式

图41

图42

图43

图44

图45

图46

2. 车展展示的设计禁忌

在实例1中通过车展的图片和设计原理，学习到了这些原理在实际当中的运用技巧。而在实例2当中，再一次借助车展来学习实际运用当中所需要注意的设计禁忌事项，以及如何避免。

之所以仍然采用车展为案例，是因为在经过多年的发展和演变以后，汽车的普及和现代工业的发展，使得汽车展示成为了炙手可热的展示项目之一。在资金投入和展示规模方面，相比其它的展示类型，比如糖酒会和各个类型的促销会，汽车展示的投入更全面，所需要运用到的知识点和切入点更广泛。尤其是最近几年，汽车展示的举办频率也愈发加快，因此采用了这个比较有特色的展示类型为案例。

（1）展会空间设计禁忌和技巧

在进行展示设计时最大的问题就是展区的局限性，因为展会通常情况下都是通过场地租赁的形式开展，因此，组织单位会对展示区域提出各项要求，在展示设计当中尤其要注意的几项要求。

1）标准展架不得擅自加高，展台设计不能遮挡友邻展台，不得搭建实体墙面。

2）搭建临时建筑的材料须选用非燃或者阻燃材料，展板与墙面的距离不得小于0.6米，有消防栓应留有1.5米距离。

3）展区内不得使用油漆、酒精等易燃物进行清洗作业。展台附近禁止使用碘钨灯、高压汞灯等高温灯具，一般灯不超过100W，特殊灯具不超过300W。

4）展区内禁止使用明火，电气设备安装要符合《电气工程安装标准》和有关技术规范要求。电源线应使用双层绝缘护套线，并且和展品有安全距离或者设置非燃隔离层。

5）除指定地点以外展区内禁止吸烟。

6）各单位的展厅内不得设置展品仓库。人行通道、防火间距、展厅的出入口等必须保持畅通，消火栓必须暴露，不能压、堵塞或者损坏消防设施。

以上都是必须严格要求和注意的硬性规范。

（2）空间色彩设计禁忌

1）在选择展场的主要色调时，不要使用过于陈旧的色彩或者中间色，这样的色彩会使得展位在众多的参展单位中不能够第一时间抓住参观者的眼睛，其次中间色对于展品本身的颜色很难起到突出的作用。（见图48）

2）在设计展位时，整个展示空间不要选择太多的颜色，太多的颜色首先会使空间缺乏主题性，其次会使展场的色彩失去秩序感，使参观者没有重点，产生疲劳感，第三会影响产品本身的突出性。

虽然展会的颜色比较丰富，但是各个展区的颜色却是比较统一和谐的，并且在各个展区所使用的灯光颜色、背景颜色、展品颜色也是精心设计和考虑以后才被采纳的。由于展区采用了比较中庸的中性色调，因此相对鲜艳的纯色、亮色色调的融入会显得非常抢眼，并且不会产生与主色调的不协调感。（见图49）

图47 展示选材和工艺注意事项
图48 中间色调的使用需谨慎
图49 展区色彩的搭配

图47

图48

图49

(3) 展会照明设计禁忌

在展会当中除了参展商品以外，最受重视的就是照明灯具了。局部照明对主体的突出，对产品的美化，对汽车工艺、车漆的渲染都具有不可忽视的作用。（见图50）

1）在设计展位照明时首先需要向展馆方提出申请，在设计之初就要计算出准确的用电量，一般展位的用电为3×1000W、5×1000W、8×1000W或者更高。

2）展会的目的是推广产品，在展示产品中如何突出展品虽然重要，但是以人为本的设计理念仍旧不能忽视，因此在设计展台时也应以人为本，首先不能出现灯光对参观者成直接照射的情况。（见图51）

其次，灯光的位置不宜太低，以免造成烫伤参观者的可能。（见图52）

第三，灯光之间必须留有足够的散热空间，否则容易对照明设备造成损毁，并且还伴有安全隐患。（见图53）

最后，应避免用光不均匀，这样不仅会增加成本，对最终的表现效果也会有影响。

图50

图51

图53

图52

图50 照明灯具使用频繁
图51 灯光不能直射人体
图52 灯具高度不宜太低
图53 灯具间的间距充足

设计点评

该设计是一个楼盘的销售展区，通过画面可以发现该楼盘主打的口号是以环保为突破口，因此在设计时在颜色的方面采用的是象征着环保的绿色色调为点缀，暖色的色调给人以温馨、恬静的感觉，这种类似于家的温馨感可以拉近与顾客间的距离，同时也符合楼盘以家庭为主的销售主题。（见图54）

图54

该展区的面积不大，因为为了更直接地切入主题，设计师将楼盘沙盘模型和样板间的户型都摆放在了整个展区的正中间，而顾客则是围绕这个展示区进行参观，这样的布局重点突出，行程流线也很清晰，对于这样规模的展区最常用也最实用。

设计师在展区的另一侧加入了一些元素来丰富这个展区，让展区更富有情趣和家庭的和谐感。比较具有田园风格的栅栏除了将展区合理地封闭起来，也给展区加入了“家”的元素。墙体的花纹强调了绿色主义的主题，也为单调的墙体注入了生命的活力，既装饰了墙面，也突出了主题，可谓一举两得。（见图55）

图55

如果说暖色调体现家庭温馨，绿色生活为突破口的设计理念的话，那么现代工业感材料的运用和简约的线条则更符合年轻人的口味。在同样的主题下，该设计的另一方案为展区替换了部分材料和装饰，给人带来了另一种的现代感。（见图56）

图56

可以发现，在布局方面依然延续了实用的中心布局方案，门帘式的装饰品和绿色的环保标志色仍然凸显出主题中家庭与环保的理念，这并没有因为颜色的调换而显得不协调。（见图57）

图57

而墙体上植物造型的彩绘换成了具有现代色彩感的白色（见图58），改变植物的颜色是为了与墙体的LOGO颜色相互辉映，达到协调的整体感。而植物的造型已经足以实现其环保的含义，因此这样的处理手段并没有影响画面的效果和题意的表达。

图58

由此可见，对于展示区域的把握是没有绝对的参照性而言的，这需要通过对主题的详细理解和分析，从而做出贴切的表达方式来传达产品的特色。

通透的分隔一般是通过矮展台或独立式透明玻璃柜、各种罩（挂落）、花格墙、带门洞的隔墙等来实现的。被分隔的空间彼此视线通透，有的隔断还可以穿过，使参观者感到空间富有层次感和变化，可以增强参观的兴致，引人入胜。在较小的展示空间中采用这类通透的分隔，可以做到小中见大，隔而不堵。（见图59）

图59

图54 楼盘展区1
图55 楼盘展区的墙体彩绘
图56 楼盘展区2
图57 楼盘展区2局部
图58 楼盘展区2局部
图59 楼盘展区顶部

创意可以说是现代企业宣传及展示的主要特征，而创意的成功就在于个性的张扬。张扬的个性可以给参观者冲击，给人以震撼，令人过目不忘，从而发挥最有效的市场作为，实现最有效的市场传播。这种个性的张扬涉及到形式的定位、空间的想象、材料的选择、构造的奇特、色彩的处理和方式的新颖，须整合而统一。

这是一个为某品牌的酒类产品设计的展示区域，本设计以突出温馨休闲的浪漫气质与生活品味为主，通过生活化的小元素来点缀展场。这包括欧洲传统的葡萄酒窖，花架，酒吧标牌，酒柜和街头咖啡屋，以此传达出酒带给消费者的高品质的生活理念。（见图60）

图60

整个展场采用的深棕色的色调为主，主要原因是使用的材料都是木质质感的仿古材料和传统的复古瓷砖。基于材料本身的特点，整个展场以深棕色为主色调与之相呼应。其次是这样的颜色给人一种怀旧的情感，同时不乏稳重与深邃，正好也符合酒的特色，醇香朴实，回味无穷。（见图62）

图62

由于采用的是以居家为主的理念，生活的小品是必不可少的。在独具特色的欧式拱形窗户前摆满了使人迷恋的薰衣草，而淡淡的紫色也象征着神秘与高贵，从而衬托了产品的气质。（见图63～图64）

图63

图64

为了迎合酒的怀旧韵味和异域的根源，设计师将整个展区设计成了一个非常具有复古韵味的异国建筑形式。首先从外形就能明显地感受到来自异国他乡的风情，典型的欧式乡村建筑符号在这个造型中完美地体现了出来。具有代表性的欧式坡屋顶元素占据了展场的制高点，既符合了建筑的特色也能利用高度使展场吸引众多参观者的目光。（见图61）

图61

展场中心摆放了各种样式的酒具、酒柜甚至是酒桶，不同的酒具象征着不同类别的品种。看似简单的座椅充满了乡村气息，而巨大的酒桶更是该产品源于欧洲纯正血统的证明，精致的酒吧标牌使异国风情更加地浓烈，可以说每一处细节的处理都透露出了品牌的悠久和高贵的品质。在展区正中是一个沙盘模型，详实地展示了酒厂的位置和布局，严谨的厂区规划和优美的造酒环境，使得品牌的口碑显得真实可信，对于品牌的宣传也是画龙点睛的一笔。（见图65）

图65

通过平面布局可以预览整个展场的布局，展示区、休息区、洽谈区、沙盘、接待台、品酒区等应有尽有。来往的人流过道四通八达，正门对应着巨大的LOGO墙，直观明显地突出了展示的品牌和类别。（见图66）

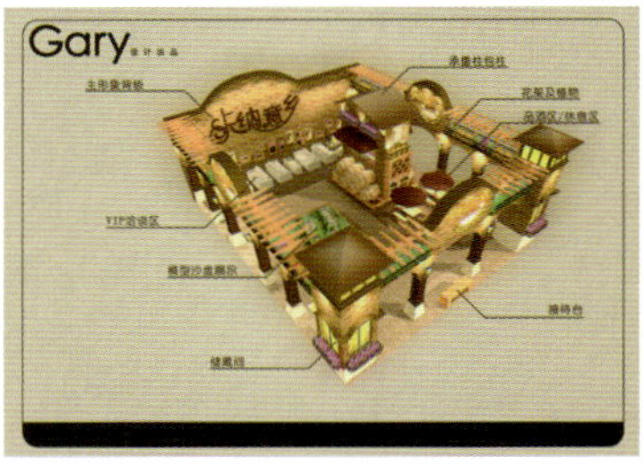

图66

图60 展区设计的参考对象
图61 典型的欧式建筑符号
图62 展区正门
图63 展区局部1
图64 展区局部2
图65 展区内部造型
图66 展区平面鸟瞰

课后练习

设计一个电脑配件的销售展台，主要销售产品是电脑硬件和常用IT产品，如U盘、MP3、移动存储设备和各类转接线等业务。

创意思路

由于此展台地处电脑城，是很多商家聚集的地方，各个商家的品牌代理也是五花八门。由于每个商家的区域划分区别不大，产品需要分类整理，因此部分专卖产品最好可以拥有独立的展示空间。为了方便与顾客洽谈，需要一个足够宽敞的洽谈区。（见图67）

由于属于签约租赁的销售区域，需要考虑以后的搬迁，出于资金考虑不建议使用高档材料，简单实用易于搬迁的材料更适合这一设计。鉴于对以上功能的需求，建议采用定制的专门展示架和展示柜最佳。（见图68）

电脑配件经营通常情况下都会拥有一个或几个品牌的专卖，并且品牌对于消费者来说也是最常考虑购买的因素之一。因此，在设计时一定要将主要精力放在对品牌的宣传上，可以通过灯箱和背景墙的形式将品牌大力表现。（见图69~图70）

电脑专卖属于专卖店的一个分支，因此策划专卖店的设计原则也可以适用于电脑专卖的设计当中。比如专卖设计当中需要注意的三大点都能用于电脑专卖。

1、店名要有特色，但不能离题太远，通过店名能使顾客知道你所经营的商品是什么。好的店名应具备三在特征：一是容易发音，容易记忆；二是能突显商店的营业性质；三是能给人留下深刻的印象。通常的情况下直接选用专卖品牌也是不错的选择。（见图71）

2、招牌好坏除了店名因素外，还要考虑字体的选择和完整。专卖商店的招牌应避免过于花哨或不易辨认的字体。招牌的目的在于使顾客清楚明白，故弄玄虚只会造成顾客的误解招致顾客的反感。近年来，标志越来越多地被专卖商店采用，并已从平面走向立体，从静态走向动态，适当地使用有助于加强展示的力度。（见图72）

3、专卖商店橱窗设计要遵守三个原则，一是以别出心裁的设计吸引顾客，切忌平面化，努力追求动感和文化艺术色彩。二是可通过一些生活化场景使顾客感到亲切自然，进而产生共鸣。三是努力给顾客留下深刻的印象，通过橱窗的巧妙展示，使顾客过目不忘，印入脑海。而在这里就需要选择造型吸引人的，能够充分展示产品的展示柜。（见图73）

图67 洽谈区
图68 展示区
图69 灯箱广告
图70 形象墙
图71 专卖店招牌
图72 奇异的招牌造型
图73 新奇的展示台造型

图67

图68

图69

图70

图71

图72

图73

图书在版编目（CIP）数据

展示设计/ 李涛，耿舒畅编著. — 北京：中国青年出版社，2009.4
二十一世纪环境艺术设计精品课程规划教材
ISBN 978-7-5006-8728-3
I.展... II.①李... ②耿... III.陈列设计 – 高等学校：技术学校 – 教材 IV. J525.2
中国版本图书馆CIP数据核字（2009）第 052215 号

二十一世纪环境艺术设计精品课程规划教材 —— 展示设计

李 涛　耿舒畅　编著

出版发行： 中国青年出版社
地　　址： 北京市东四十二条21号
邮政编码： 100708
电　　话：（010）50856188 / 50856199
传　　真：（010）50856111
企　　划： 北京中青雄狮数码传媒科技有限公司

责任编辑： 李廷钧　张 军　沈 莹
封面设计： 于 靖

印　　刷： 北京联兴盛业印刷股份有限公司
开　　本： 787 × 1092　1/16
总 印 张： 30.5
版　　次： 2009年5月北京第1版
印　　次： 2015年11月第11次印刷
书　　号： ISBN 978-7-5006-8728-3
总 定 价： 105.00元 (共三册)

本书如有印装质量等问题，请与本社联系　电话：(010) 50856188 / 50856199
读者来信：reader@cypmedia.com
如有其他问题请访问我们的网站：http://www.cypmedia.com